农村小型太阳能光伏电站施工与维护

李钟实　编著

机械工业出版社

本书对适用于城镇及农村的小型分布式光伏发电系统（光伏电站）的选址、施工、检修和维护进行了详细介绍，具体内容包括分布式光伏发电的简介与基础知识、分布式光伏电站的前期选址与项目申报、分布式光伏电站的安装施工与调试验收、光伏电站的运行维护与故障排除，以及若干工程项目实例。

本书内容翔实、图文并茂、通俗易懂，具有较强的资料性和实用性，适合广大从事光伏电站施工、运行、维护及光伏应用方面的工人、正在使用或即将建设分布式光伏电站的居民用户阅读，还可供对光伏发电感兴趣的各界人士阅读。

图书在版编目（CIP）数据

农村小型太阳能光伏电站施工与维护/李钟实编著. —北京：机械工业出版社，2022.2（2024.11重印）

ISBN 978-7-111-70155-2

Ⅰ.①农… Ⅱ.①李… Ⅲ.①光伏电站-工程施工 ②光伏电站-维修 Ⅳ.①TM615

中国版本图书馆 CIP 数据核字（2022）第 027132 号

机械工业出版社（北京市百万庄大街22号　邮政编码100037）

策划编辑：吕　潇　　　　责任编辑：吕　潇

责任校对：张亚楠　李　婷　封面设计：马精明

责任印制：郜　敏

北京富资园科技发展有限公司印刷

2024 年 11 月第 1 版第 4 次印刷

140mm×203mm · 6.625 印张 · 227 千字

标准书号：ISBN 978-7-111-70155-2

定价：35.00 元

电话服务　　　　　　　　网络服务

客服电话：010-88361066　机 工 官 网：www.cmpbook.com

　　　　　010-88379833　机 工 官 博：weibo.com/cmp1952

　　　　　010-68326294　金 书 网：www.golden-book.com

封底无防伪标均为盗版　机工教育服务网：www.cmpedu.com

前　言

　　分布式光伏发电系统是指在用户场地附近建设，以用户侧自发自用为主，多余电量并入电网，并能适应电网特性、满足电网要求的光伏发电设施。

　　近年来，在国家和各级政府光伏发电产业相关政策的有力推动下，我国光伏产业发展变化巨大，全产业链的产品产能、质量和技术创新都有了长足的发展和进步，系统成本逐年下降，应用领域持续扩大，分布式光伏发电在各地的安装和应用遍地开花、如火如荼。各级政府和城乡居民利用太阳能光伏发电积极开展户用光伏、工商业光伏、光伏扶贫、光伏养老以及农村农光互补、渔光互补、牧光互补等多种形式的推广和应用，人民群众对光伏发电这一绿色能源从逐步认识了解到接触认可，再到纷纷拥有自己的各类光伏电站，既是传统电力的消费者，又是新能源电力的生产者。特别是国家"碳达峰""碳中和"目标的提出，以及"乡村振兴""整县推进""应装尽装"等利好政策的实施，全社会光伏发电系统的装机容量会再次逐年上升，光伏发电系统的用户和施工维护人员会明显增加。光伏发电将会继续为老百姓改善生活质量、增加收入，为广大农村地区从脱贫致富走向共同富裕做出新的贡献。

　　对于广大的农村与乡镇用户来说，小型光伏发电系统(电站)，由于其规模小、容量设计灵活、安装施工方便的特点，不论是在家庭住宅屋顶、还是在公共建筑屋顶或是农业设施等场合，都有非常好的建设条件和应用价值。一套光伏发电系统的设计与施工质量不好，轻则影响发电收益、故障频发、减少使用寿命、增加维护费用；重则还易发生触电、起火、坍塌等严重事故，威胁人身和财产安全。对于施工维护人员来说，除了要具备土建、结构安装技能之外，还要具备专业的电工知识，更重要的是对于系统中设备、部件及材料的原理、选型要求、电气连接关系以及日照、气象等基本知识都要有较为透彻的理解。对于广大用户来说，也应当了解自己的发电系统的基本原理，认识每一个设备、部件，掌握基本的日常维护要点。这也正是本书编写的初衷。

本书共分为6章，针对农村地区应用广泛的小型分布式光伏发电系统，从实际施工和应用出发，第1章介绍了光伏发电的基本概念、应用场合、系统构成、投资收益、基本部件及选型建议等内容；第2章先介绍了和光伏发电相关的常用术语，这有利于读者作为用户或者施工人员在购买和使用设备部件时不致"一头雾水"，然后介绍了与光伏设备施工相关的电工知识；第3~5章，对分布式光伏发电的项目申报及站址勘察、安装施工、检测调试、运行维护与故障检修等内容进行了详细介绍，其中安装施工的各项步骤都配了实景照片，还在故障检修部分列举了若干故障实例，并给出了处理方法；第6章以不同形式、不同容量规模的分布式光伏电站实际工程案例为例，对分布式光伏发电项目的整体设计思路、系统配置和构成等内容进行了梳理和介绍，使读者能更系统地理解和借鉴。

本书作者结合了自己多年从事相关工作的实践经验以及长期积累的数据资料，从实用的角度出发，力求做到内容翔实、图文并茂、通俗易懂。本书主要供从事光伏发电系统的使用者以及施工、运行维护人员阅读，也可供对光伏发电感兴趣的各界人士阅读。

本书在编写过程中，参阅了光伏同仁们的部分著作及相关资料，在此向各位专家和同仁致以敬意和由衷的感谢。

由于作者水平有限，书中难免存在不妥之处，恳请广大读者予以指正。

作　者

目　　录

第1章

光伏发电和光伏电站

1.1 什么是光伏发电

1. 从分布式发电到分布式光伏发电

当前，新能源和可再生能源的开发利用已经成为保证国民经济可持续发展、解决能源短缺、降低煤炭发电比例和减少环境污染的重要途径，新能源和可再生能源既是我国近期重要的补充能源，也是未来能源结构的基础和重要组成部分。由于可再生能源的分散性、多样性和随机性，分布式发电系统，特别是单机容量较低的光伏发电系统，将成为可再生能源发电的必然网络结构和组成部分。因此，以可再生能源为主的分布式发电技术凭借其投资节省、发电方式灵活、与环境兼容等优点得到了快速发展。

分布式发电也称分散式发电或分散发电，与这个概念相对的是集中式发电。常规发电站，如火力发电站，天然气发电站和核电站，以及大型水力发电站和大型太阳能发电站，都是集中式发电，通常需要把电力进行长距离传输；而分布式发电系统是指发电功率为数千瓦到几十兆瓦的小型模块化、分散式、布置在用户现场或用户附近的高效、可靠、与环境兼容的发电系统。分布式发电的特点是电力就地产生、就地消纳，可与大电网并网运行，还可以和大电网互为备用，既节省输变电投资，也使供电可靠性得以改善。分布式发电系统电源位置灵活、分散、多样的特点极好地适应了分散的电力需求和资源分布。目前分布式发电大多采用天然气、沼气、太阳能、生物质能、风能（小风电）、水能（小水电）等。分布式发电技术主要包括光伏发电技术、风力发电技术、燃料电池发电技术、燃气轮机/内燃机发电技术、生物质能发电技术以及分布式发电的储能技术等。

分布式光伏发电是指通过采用光伏电池组件，将太阳能直接转化为电能并在用户端直接并网发电的方式。分布式光伏发电是分布式发电的重要组成部分，也是适合我国国情的解决能源危机和环境污染、优化能源结构、保障能源安全、改善生态环境、转变城乡用能方式的重要途径。我国是太阳能资源比较丰富的国家，分布式光伏发电遵循因地制宜、清洁高效、分散布局、就近利用的原则，可充分利用当地太阳能资源，替代和减少化石能源消耗，是一种新型的、适合国情的、具有广阔发展前景的发电和能源综合利用方式。分布式光伏发电应用范围广，在城乡建筑、工业、农业、交通、公共设施等领域有着广阔的应用前景，既是推动能源生产和消费变革的重要力量，也是促进"稳增长、促改革、调结构、惠民生"的重要举措。

近几年，国家和政府相继出台了多个支持和鼓励分布式光伏发电发展和建设的政策性和指导性文件，对分布式光伏发电系统的开发和应用起到了积极的推动和促进作用，分布式光伏电站在各地的安装和应用遍地开花、如火如荼，政府和城乡居民都在利用分布式光伏发电积极开展光伏农业、家庭发电、光伏扶贫、光伏养老等多种形式的推广应用，金融业也纷纷推出各种"光伏贷"产品来支持和服务用户。可以说分布式光伏发电的大面积推广应用，标志着全民光伏时代的到来，也是光伏产业发展过程的又一个里程碑。

2. 什么是分布式光伏电站

分布式光伏电站就是包含了完整分布式光伏发电系统的，在用户的场地或场地附近建设和并网运行的，不以大规模远距离输送为目的的，所生产的电力以用户自用及就近利用为主的，多余电量上网的，支持现有电网运行的，且在配电网系统平衡调节为特征的光伏发电设施。

分布式光伏电站一般接入 10kV 以下电网，单个并网点总装机容量不超过 6MW。以 220V 电压等级接入的电站，单个并网点总装机容量不超过 8kW。

在《国家能源局关于进一步落实分布式光伏发电有关政策的通知》(国能综新能〔2014〕406 号) 文件中，又对分布式光伏发电的定义扩展为：利用建筑屋顶及附属场地建设的分布式光伏发电项目，在项目备案时可选择"自发自用、余电上网"或"全额上网"中的一种模式。在地面或利用农业大棚等无电力消费设施建设、以 35kV 及以下电压等级接入电网 (东北地区 66kV 及以下)、单个项目容量不超过 2 万 kW (20MW) 且所发电量主要在并网点变电台区消纳的光伏电站项目，可纳入分布式光伏发电规模指标管理。

文件指出，国家鼓励开展多种形式的分布式光伏发电应用。充分利用具备条件的建筑屋顶 (含附属空闲场地) 资源，鼓励屋顶面积大、用电负荷大、电网供电价格高的开发区和大型工商企业率先开展光伏发电应用。鼓励各级地方政府在国家补贴基础上制定配套财政补贴政策，并且对公共机构、保障性住房和农村适当加大支持力度。鼓励在火车站（含高铁站）、高速公路服务区、飞机场航站楼、大型综合交通枢纽建筑、大型体育场馆和停车场等公共设施系统推广光伏发电，在相关建筑等设施的规划和设计中将光伏发电应用作为重要元素，鼓励大型企业集团对下属企业统一组织建设分布式光伏发电工程。因地制宜利用废弃土地、荒山荒坡、农业大棚、滩涂、鱼塘、湖泊等建设就地消纳的分布式光伏电站。鼓励分布式光伏发电与农户扶贫、新农村建设、农业设施相结合，促进农村居民生活改善和农村农业发展。

分布式光伏发电倡导就近发电、就近并网、就近转换、就近使用的原则，不仅能够有效提高同等规模光伏电站的发电量，同时还能有效解决了电力在升压及长途输送中的损耗问题。其能源利用率高，建设方式灵活，将成为我国光伏应用的主要方向。目前应用最为广泛的分布式光伏发电系统，是建设在各种建筑物屋顶和农业设施屋顶及家庭住宅屋顶的光伏发电项目。对这些项目应用的要求是必须接入公共电网，或与公共电网一起为附近的用户供电，所发电力一般直接馈入低压配电网或35kV 及以下中高压电网中。

1.2 分布式光伏发电的特点及应用场合

1. 分布式光伏发电的特点

1）输出功率相对较小，投资收益率不低。一般单个分布式光伏发电系统项目的容量在几千瓦到几百千瓦。光伏发电系统容量的大小对发电效率的影响很小，因此对其经济性的影响也很小，也就是说，小型光伏电站的投资收益率并不比大型光伏电站低。

2）分布式光伏发电基本不占用土地资源，可就近发电、供电，不用或少用输电线路，降低了输电成本。光伏组件还可以直接代替传统的墙面和屋顶材料。

3）污染小，环保效益突出。分布式光伏发电过程中，不消耗燃料，不排放包括温室气体在内的任何物质，没有噪声，也不会对空气和水产生污染。

4）分布式光伏发电系统在接入配电网中是发电用电并存，且在电网供电处于高峰期发电，可以有效起到平峰的作用，削减城市昂贵的高峰供电负荷，在一定程度上能够缓解局部地区用电紧张的状况。

2. 分布式光伏发电的应用场合

(1) 工业园区厂房屋顶，车站、机场等交通枢纽屋顶

这些场所屋顶集中，用电量比较大、用电价格高，但屋顶面积都很大，屋顶开阔平整，可建设规模大。此外，这些场所一般用电负荷较大、稳定，而且用电负荷曲线与光伏发电出力的特点相匹配，可实现自发自用为主，基本实现就地消纳。充分利用工业厂房屋顶和交通枢纽屋顶建设分布式光伏发电项目，既可以减少企业的能源消耗，又充分利用了闲置的屋顶资源，起到了节能减排的作用，可为企业带来巨大的经济效益和环境效益。

(2) 商业建筑屋顶

商业建筑多为水泥屋顶，有利于安装光伏方阵，但是由于对建筑的美观性有要求，而且这类屋顶上的构筑物一般比较多，周围高大建筑物也比较多，对阳光有遮挡，使屋顶可利用面积变少。按照商厦、写字楼、酒店、会议中心、度假村等服务业的特点，用电负荷特性一般表现为白天较高，夜间较低，能够较好地与光伏发电特性匹配，实现自发自用为主。对于一些高楼大厦的商业建筑，除了利用屋顶外，还可以利用外墙立面构成光伏幕墙，既增加光伏发电的容量，又可以使建筑物成为"超凡脱俗"的"高大上"建筑。

(3) 市政公共建筑屋顶

政府办公楼、学校、医院等市政公共建筑屋顶，管理统一规范，屋顶利用相对容易协调。用户用电负荷稳定，且用电负荷特性与光伏发电特性相匹配。不足之处是可利用单体面积小，装机容量有限，节假日用电负荷低，余电上网量大，当自用电价较低时，适合全额上网。市政公共建筑屋顶也适合分布式光伏发电系统的集中连片建设。

(4) 家庭住宅屋顶

别墅、农村和乡镇居民的家庭住宅屋顶量大、面广，只要是可以长时间接受阳光照射的地方，如屋顶、阳台、院落地面、车棚顶等位置都可以加以利用。能够满足载荷要求的混凝土、彩钢瓦、传统瓦片、沥青瓦等屋顶也可以安装光伏屋顶电站。家庭住宅屋顶的利用比较容易协调，部分农村住宅屋顶还能享受"光伏扶贫""美丽乡村"等政策的补助。在实际应用中，城市居民住宅屋顶的利用往往存在产权不明晰，异形结构屋顶多的缺点；而农村屋顶又存在单体可利用面积小，屋顶承载力不强或不明确的现象。

家庭屋顶光伏电站是我国目前还能享有政府补贴的分布式光伏应用形式，也是分布式光伏的核心市场。

（5）农业设施

农村有大量的荒山荒坡等非耕用地，农业大棚、鱼塘、养殖基地等可实施农光互补、渔光互补等各种光伏农业项目。农村往往处在公共电网的末梢，电能质量较差，在农村建设分布式光伏发电系统可提高当地用户的用电保障和电能质量。

当然，利用农业设施建设分布式光伏项目，不仅仅是将光伏发电与农业设施的简单叠加，更是近年来兴起的"光伏农业"新型产业模式。通过在农业设施棚顶安装光伏发电设施，在棚下开展农业生产的形式，最大化地吸收和引进最新的光伏与农业技术，促进两个产业的高度融合、健康发展与技术进步，达到"1+1>2"的产业融合效果，最大限度地利用土地资源，增加生态效益和社会效益，提高农民收入，带动地方经济的发展。

（6）边远农牧区及海岛

由于距离电网遥远，我国西藏、青海、新疆、内蒙古、甘肃、四川等地区的边远农牧区以及我国沿海岛屿还有数百万无电人口，分布式离网光伏发电系统或与其他能源互补的微电网系统非常适合在这些地区应用。另外，离网光伏发电系统还可以应用于野外施工、野外养殖、野外种植等场合。

（7）光伏充电站

随着各种电动交通工具的越来越多，各种充电站也应运而生，遍地开花，与普通充电站相比，光伏充电站具有设施简单、设置灵活，占地面积小，建设周期短的优势，可以克服目前中心城区土地资源紧张、电网审批手续冗繁、接电成本高等缺点，同时光伏储能及智能充放电技术的应用，可以有效缓解高峰时段的电力负荷，达到"削峰填谷"的效果。

光伏充电站依靠太阳能发电，存入充电桩后为电动车提供充电电力，通过能量存储和转换，将间歇的、不稳定的太阳能资源在用电低谷时储存起来，然后在用电高峰将电输送出去，可达到充电站的经济运行。

（8）自来水厂和污水处理厂

自来水厂和污水处理厂有着大面积的水处理水池，污水处理厂在处理污水过程中耗电量也比较大，是耗能大户，一般都是24h连续运转，负荷稳定，光伏发电量基本可以自发自用，全部消纳。利用污水处理厂的屋顶、沉淀池、生化池和接触池等处安装光伏发电系统，可以充分利用空间，等于对占用土地进行了二次开发利用，起到集约化原地，对土地进行综合利用的效果。

1.3 分布式光伏发电的投资与收益

随着分布式光伏发电的政策支持和推广应用，许多居民和企事业单位也越来越看好这一项目，但分布式光伏发电项目前期投资大，回收周期长，又会使大家驻足观望，那么分布式光伏发电投资收益到底如何呢？在这里先听几句某村干部和村民说的话，然后再给大家分析分析。第一句话是村支书说："让全村用上光伏发电，是我不可推卸的责任！"另一句话是村主任说："装上光伏等于每年白挣4亩地的收益，大家抓紧吧！"最后大伙说："光伏发电装上房，人人家里有银行。"

分布式光伏发电的收益既与不同地区的太阳能资源状况有关，也与国家及各地政府的补贴政策有关。首先我们先看看国家和政府对分布式光伏发电的补贴政策和收益。

1. 分布式光伏发电的补贴政策

2021年，国家对户用光伏发电系统电价补贴逐渐降为0.03元/kW·h（1度电即为1kW·h），对其他形式的光伏发电已经取消补贴，实行平价上网甚至竞价上网的方式。有些省市地方政府为有力推动当地光伏发电产业的发展，也为"碳达峰""碳中和"目标的实现提前布局，针对户用光伏发电系统还有0.1~0.2元/kW·h的地方补贴，期限为3~5年。

2. 分布式光伏发电的并网模式

（1）全部自发自用模式

这种模式简单的理解就是用户的光伏系统所发电量全部自己使用消耗了，也就是用户自己的用电量大于光伏发电量的情况以及一些离网系统的模式。

（2）自发自用，余电上网模式

用户的光伏系统所发电量首先自己使用，多余的电量，卖到电网。这种模式是当下应用最多并广为用户所接受的模式，也是各地积极推广的模式。

（3）全部上网模式

用户的光伏系统所发电量全部卖给电网。

3. 分布式光伏发电的收益

根据上面介绍的三种不同的并网模式，分布式光伏发电的主要收益有下列几项：

1）国家和各级政府的政策电价补贴。

2）电费收入：采用自发自用、余电上网模式的用户，可以节省一部分电费开支，这部分节省的支出，换个角度来说就是收入。

3）并网卖电收入。光伏发电用户的多余电量通过并网卖给电网公司，电网公司按照当地燃煤发电脱硫标杆电价进行收购。不同的省市，标杆电价也是不一样的。为方便计算，表1-1列出了目前全国各地区燃煤发电脱硫标杆电价。

表1-1　各地区燃煤发电脱硫标杆电价

各地区省级电网燃煤发电脱硫标杆电价　　　　　单位：元/（kW·h）（含税）

北京	0.3598	天津	0.3655	河北（北）	0.372	河北（南）	0.3644
山西	0.332	山东	0.3949	内蒙古（西）	0.2829	内蒙古（东）	0.3035
辽宁	0.3749	吉林	0.3731	黑龙江	0.374	上海	0.4155
江苏	0.391	浙江	0.4153	安徽	0.3844	福建	0.3932
湖北	0.4161	湖南	0.45	河南	0.3779	四川	0.4012
重庆	0.3964	江西	0.4143	陕西	0.3545	甘肃	0.2978
青海	0.3247	宁夏	0.2595	广东	0.453	广西	0.4207
云南	0.3358	贵州	0.3515	海南	0.4298	新疆	0.25

注：自2017年7月1日后，各省陆续调整省内的脱硫标杆电价，期间价格有浮动，本表格整理于2019年9月。

以山西省为例，户用光伏系统每发1kW·h电，电网公司要按照0.3205元/kW·h的当地燃煤发电脱硫标杆电价向用户支付电价，国家可再生能源发展基金还要支付0.03元/kW·h的光伏发电电价补贴。也就是说，山西省2021年新安装光伏发电系统的用户，可以得到（0.3205+0.03）元/kW·h的电费收入。与前几年相比，虽然国家的发电补贴越来越少，但是光伏发电系统的成本也越来越低了，目前光伏发电系统的建设成本已经由前两年的6.5~7元/W降到了3.5元/W左右。

全部自发自用模式总收益=(当地标杆电价+政策补贴)×全部发电量

自发自用余电上网模式总收益=自发自用的电量×当地用电电价+
上网电量×当地标杆电价+
全部发电量×政策补贴

全部上网模式总收益=全部发电量×当地新能源标杆上网电价

4. 初始投资与回收周期分析

（1）投资回收期一般在5~7年

以家庭分布式光伏发电系统为例，2021年系统的基本价格为3.3元/W左右，费用包括光伏组件、逆变器、光伏支架、配电箱、线缆等设备和部件及安装调试费用在内。一般家庭根据屋顶面积及资金状况安装容量在10~30kW。以3.3元/W为例，初始投资在3.3万~9.9万元。同样容量的发电系统，其发电量的多少与当地的太阳能资源（一般以该地区年平均有效日照时间）有很大关系，以山西某地区水平面年平均有效日照时间为 1400h 计算，如果安装容量为 10kW，年发电量就是 10kW × 1400h = 14000kW·h，如果当地全额上网的电价是 0.3505 元/kW·h，那么每年收益就是 14000kW·h×0.3505 元/kW·h = 4907 元，回收周期就是 3.3 万元÷0.4907 万元/年 =6.73 年。以光伏发电系统 25 年的寿命计算，后 18 年基本上都是净收益了。

在这里还需要考虑光伏组件平均每年 1% 左右的衰减，系统发电量会逐年有所降低，国家补贴的持续性以及地方政府补贴的时间性。另外，光伏发电系统全生命周期的维护费用及投资资金占用的利率也是影响投资周期的因素。

（2）投资收益远远大于银行储蓄利息

与银行储蓄相比，假设用 3.3 万元投资光伏发电系统，25 年除去本金的总收益是 4907 元×18 年 =8.83 万元。而将 3.3 万元存入银行，5 年期定期利率为 2.75%，平均每年收益约 907.5 元，25 年下来的总收益也就在 2.27 万元左右，远远没有光伏发电系统投资的收益率高。

5. 投资切莫贪便宜

小王和邻居老李在一年前通过不同的公司各自安装了一套 5kW 的屋顶光伏发电系统，近日他们陆续收到了电力公司提供的年度光伏发电数据报告，令他俩吃惊的是，两家几乎同时安装了 5kW 屋顶光伏系统，年发电量竟然相差 1000 多 kW·h，老李家的年收入也自然少了一块，这是为什么呢？

原来导致差异这么大的原因就是老李被低价格诱惑选择安装了便宜的低劣光伏系统产品，其发电量和收益差异在一年内就显现了出来。家庭光伏发电系统主要由光伏组件、光伏逆变器、并网配电箱、光伏支架、光伏线缆及售后服务 6 个部分组成，大家往往认为在整个系统中，光伏组件最重要，但其实在整个系统中，哪个部分品质不好，都会影响系统收益。

（1）光伏组件

光伏组件的质量等级分为 A、B、C 三类，不同质量等级的光伏组件，价格自然不同。A 类组件有 17.5% 以上的转换效率，20 年内组件功率衰减不大于 20%，使用寿命在 25 年以上。B 类组件是有瑕疵的组件，也就是所谓的"降级组件"，这个瑕疵包括电性能质量和外观质量等，其发电效率比 A 类组件低，后续功率衰减过快，无法保证 25 年的使用寿命等。C 类组件基本上是应该销毁处理的报废品。

做光伏电站，当然必须选择 A 类组件，才能保证光伏系统的正常收益，而且正规厂商生产的光伏组件都是经过严格检测，并且都有质保证书。同时还要尽量选择发电效率（功率）更高一些的组件，例如目前流行的高效率单晶组件、半片组件、叠瓦组件、双面发电组件等，这样在同样的屋顶面积占用，在逆变器、线缆、配电箱、支架投资都不变的情况下，只是光伏组件的初始投资略有几百元的增加，25 年下来又可以多收益六七千元。

（2）光伏逆变器

光伏逆变器的质量好坏也会直接影响光伏系统的发电量。质量好坏最简单的要求就是有高的直流电变交流电的转换效率，有更长的平均无故障运行时间和完善的各种保护功能。这些要求的保证，自然会加大逆变器制造成本，所以不同厂商生产的逆变器由于质量要求不同，价格自然不同。低质量的逆变器往往使用了性能较差的廉价元器件，容易发热，故障也比较多。对用户来讲，高的效率就等于逆变器自身损耗小，发电量自然相对就高。逆变器经常发生故障，系统就会经常停止运行，发电量自然会受到影响。

（3）并网配电箱

电力公司对配电箱的配置和质量是有要求的，不符合要求的配电箱为了降低成本，用的电气开关可能质量差，造成频繁断电或其他故障，还可能不配置过/欠电压自动脱扣保护器等装置。在电网停电的情况下，假如逆变器的防孤岛保护功能缺失，配电箱内又没有欠电压/失电压自动脱扣装置，就有可能将光伏系统发的电反送到电网，影响电网检修甚至发生检修人员触电事故。

（4）光伏支架

光伏支架的作用是保证光伏组件能承受 25 年以上的腐蚀、大风、大雪的破坏。光伏支架的材质有铝合金、镀锌钢材等，标准的光伏支架应具有良好的抗压性、抗风性和抗腐蚀性。如果为了降低成本，使用非标材料、普通角钢等制作支架，时间一久，就会腐蚀变形，甚至撕裂和散架。

目前屋顶安装最常用的是水泥配重、钢结构及化学锚固螺栓等方法，如果水泥配重不达标、钢结构及化学锚固偷工减料，遭遇大风时不是刮坏光伏组件就是掀翻支架，会造成很大的经济损失，这类事件已经屡屡发生。

(5) 光伏线缆

光伏线缆在光伏系统中虽然不起眼,但却很重要。光伏直流线缆要经受长年累月的风吹雨淋日晒,是具有防紫外线、防老化的专用线缆。如果使用普通线缆甚至劣质线缆,用几年就会老化脱皮,发生漏电甚至火灾事故,何谈收益!

(6) 售后服务

优质的售后服务体现在光伏发电系统设计、安装施工、验收培训的全过程。优良的选型设计、专业规范的安装施工、完整、及时、负责任的售后服务以及质保期内非人为损坏的免费维修、更换都是成本的体现。对用户进行使用、维护的培训,提供维护手册,使用户能够正确进行光伏系统的日常维护,都是保证系统稳定正常运行,提高收益的保证。

所以,一套质量有保证的光伏发电系统,包含的每个部分都要能经得起时间的检验。相反,如果贪图眼前的利益,图便宜,那就等于放弃了光伏系统的应有质量、服务和保障,最后只能是得不偿失,自食其果。

6. 提高光伏电站收益的方法

(1) 保证光伏电站的质量

光伏电站质量的好坏直接关系到收益的多少。光伏组件和光伏逆变器是光伏电站的高价值核心设备,因此,延长这些设备的使用寿命就可以给光伏电站收益带来保证。延长光伏电站各部件寿命的方法有以下几种:

1) 选择安装知名厂商的光伏产品,并要求厂商出具权威性的产品检测和认证报告,以确保光伏产品符合要求。

2) 在安装光伏电站时,要有具体的安装设计和建设施工方案,为了确保安装质量,可以委托有资质、有经验的第三方对工程设计、施工安装、项目验收等进行全过程审查和监管。

3) 安装结束后,要确保享有售后服务的权利,按要求及时保养和维护光伏电站。

(2) 重视光伏电站安全运行,避免出现灾难性事故

安全是最大的效益,光伏电站也不例外,因此,光伏电站要保证对大风、暴雨、雷电等自然灾害有基本的防御能力。同时,还要保证光伏电站各个设备及部件的安全运行,例如光伏线缆、线缆连接器等是最容易引起火灾的环节,要格外重视。

1.4　分布式光伏发电系统的分类与主要部件

1.4.1　光伏发电系统的分类

光伏发电系统有多种分类方式。

按是否接入电网，可分为离网（独立）和并网两种，其中后者按接入并网点的不同可分为用户侧并网和电网侧并网两种模式。其中用户侧并网又分为可逆流向电网供电和不可逆流向电网供电两种模式。

按发电利用形式不同可分为完全自发自用、自发自用+余电上网和全额上网三种模式。

按装机容量的大小可分为小型光伏发电系统（≤1MW）、中型光伏发电系统（1MW~30MW）和大型光伏发电系统（>30MW）。当然20MW以上的光伏发电系统已经不属于分布式光伏发电的范畴了。

按并网电压等级可分为小型光伏电站：接入电压等级为0.4kV的低压电网；中型光伏电站：接入电压等级为10~35kV的高压电网；大型光伏电站：接入电压等级为66kV及以上的高压电网。

由于目前所说的分布式光伏发电系统一般都是指并网光伏发电系统，因此本书也将主要介绍并网光伏发电系统的有关内容。同时用较小的篇幅对离网光伏发电系统的有关内容做必要的介绍。

1.4.2　光伏发电系统的主要部件

光伏发电系统主要由光伏电池组件、光伏逆变器、直流汇流箱和流配电柜、交流汇流箱和配电柜、升压变压器与箱式变电站、光伏支架以及一些测试、监控、防护等附属设施构成。部分系统还有储能蓄电池、光伏控制器等。

1. 光伏电池组件——把阳光变成电流的"魔术板"

光伏电池组件也叫光伏电池板，是光伏发电系统中实现光电转换的核心部件，也是光伏发电系统中价值最高的部分。其作用是将太阳光的辐射能量转换为直流电能，并通过光伏逆变器转换为交流电为用户供电或并网发电。当发电容量较大时，就需要用多块光伏组件串联、并联后构成光伏方阵。目前应用的光伏电池组件主要分为晶硅组件和薄膜组件。晶硅组件分为单晶硅组件、多晶硅组件；薄膜组件包括非晶硅组件、微晶硅组件、铜铟镓硒（CIGS）组件和碲化镉（CdTe）组件等。

（1）常规光伏组件

常规光伏组件的外形如图1-1所示，单块最大功率已经可以做到450W，是目前见得最多、应用最普遍的主流产品。该组件主要由面板玻璃、硅电池片、两层EVA胶膜、光伏背板及铝合金边框和接线盒等组成。面板玻璃覆盖在光伏组件的正面，构成组件的最外层，它既要透光率高，又要坚固耐用，起到长期保护电池片的作用。两层 EVA 胶膜夹在面板玻璃、电池片和光伏背板之间，通过熔融和凝固的工艺过程，将玻璃与电池片及背板凝接成一体。光伏背板要具有良好的耐候性能，并能与 EVA 胶膜牢固结合。镶嵌在光伏组件四周的铝合金边框既对组件起保护作用，又方便组件的安装固定及光伏组件方阵间的组合连接。接线盒用硅胶黏结

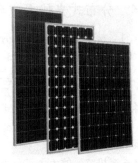

图 1-1　常规光伏组件的外形

固定在背板上，作为光伏组件引出线与外引线之间的连接部件。

（2）半片光伏组件

图 1-2 所示为目前流行的半片光伏组件的外形。这种组件是目前许多厂商研发和生产的主流产品，半片光伏组件使用成熟的红外激光切割技术将整片的电池片切成半片后串焊封装，其结构与常规光伏组件一样。半片光伏组件将同样数量的电池片一分为二后，每块电池的工作电流降低了一半，焊带上的热损耗显著降低，组件功率可以提升 2% 以上，同时有效降低了阴影遮挡造成的功率损失，同时还能降低组件工作温度与热斑造成的局部温升，在系统应用中有效降低了单瓦系统成本，具有更好的发电性能及可靠性。

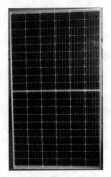

图 1-2　半片光伏组件外形

（3）双面发电光伏组件

在太阳电池和光伏组件先进技术的应用中，除半片组件及叠瓦组件外，双面发电光伏组件通过合适的系统优化设计，对系统发电性能的提升效果非常显著。目前双面太阳电池、组件、系统相关技术发展迅速，利用双面发电组件技术提高发电效益，将是未来光伏发电的主要趋势之一。

双面发电光伏组件采用新型的双面发电电池片进行封装制作，这种电池片两面可以同时发电，从而可有效提高发电效率。按照光伏组件常

规的倾斜角安装，只要组件背面能接收到光线，就可以贡献额外的发电量，而正面发电不受任何影响。与常规组件相比，在相同的安装环境下，双面发电组件的背面发电量增益可提高 5%~30%。双面发电光伏组件背面发电主要利用的是被周围环境反射到组件背面的地面反射光和空间散射光，如图 1-3 所示。图 1-4 所示为双面发电光伏组件在太阳能庭院灯的应用，灯具上面的菱形组件及灯杆中间的组件全部都是双面发电光伏组件。图 1-5 所示为双面发电双玻光伏组件外形图。由于双面发电光伏组件正面和背面都可以发电，所以安装方向可以任意朝向，安装倾角也可以任意设置，适合应用于如农光互补电站、地面电站、水面电

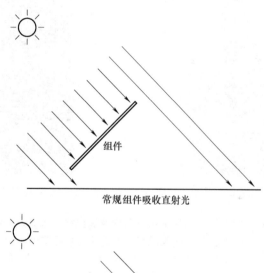

常规组件吸收直射光

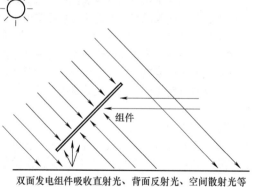

双面发电组件吸收直射光、背面反射光、空间散射光等

图 1-3　双面发电光伏组件受光示意图

站、光伏大棚、公路铁路隔音墙、隔音屏障、光伏车棚及光伏建筑一体
化等场合。双面发电光伏组件在倾斜安装时，与普通光伏组件相比，由
于组件背面环境场景的差异，会造成组件背面受光强度的不同，使组件
背面发电功率也会随之变化。通过实验，当地面为白色背景（白色漆
或涂料涂刷）时，反射效果最好，背面发电增益最高，依次是铝箔、
水泥面、黄沙、草地等。

 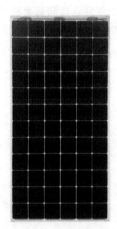

图 1-4　双面发电光伏组件的应用　　图 1-5　双面发电双玻光伏组件外形

　　由于双面发电光伏组件采用双面玻璃的结构，可有效降低积雪、灰
尘等对光线的阻挡，而且比常规组件有着更强的可靠性、耐候性、透光
性和抗 PID（电位诱发衰减，详见第 44 页）能力。同时在光伏方阵的
前期设计时，需要充分考虑方阵背面的光通量，一是要考虑光伏支架的
高度，比普通光伏组件支架要高一些，以使光伏组件背面获得更多的阳
光反射光线；二是尽量避免光伏支架导轨等结构件及附属设备对双面组
件背面的遮挡。

　　（4）光伏组件的选型建议

　　光伏组件是光伏电站最重要的组成部件，在整个光伏电站中的成本
占到光伏电站建设总成本的 40% 以上，而且光伏组件质量的好坏，直
接关系到整个光伏电站的质量、发电效率、发电量、使用寿命和收益率
等。因此光伏组件的正确选型非常重要。

　　光伏组件选型还要结合市场流行趋势，以便于批量采购，同时还要

结合施工现场的搬运安装条件，条件允许的话，尽量选择大尺寸和高效率产品。效率相近而规格不同的组件单瓦数价格也基本相同，只是选择大尺寸组件时，在组件安装费用、组件间的连接线缆数量和线损比小尺寸组件有所降低；同时，相同排列方式下大尺寸组件的支架和基础成本也会略有降低。

光伏组件的正确选型对电站的发电量及稳定性有着重要的关系，前几年广大用户投资光伏电站项目追求的是初期投资的最小化，目前广大用户更关心的是光伏电站发电量和长期收益的最大化。

一般来讲，多晶和单晶光伏组件的性能、价格都比较接近，差别不大。由于多晶光伏组件的价格要比单晶组件稍低，从控制工程造价方面考虑，选用多晶光伏组件有一定优势。多晶材料在生产过程中的耗能比单晶低一些，因此，采用多晶组件也相对更环保。

由于单晶光伏组件的转换效率可以做到比多晶组件稍高，通常为了在有效的面积安装更多容量的场合要选用单晶光伏组件。另外，当侧重考虑光伏发电系统的长期发电量和投资收益率时，也应该选用转换效率较高的单晶光伏组件，因为单晶组件更具有度电成本的优势。总之，在光伏组件单位价格相近的情况下，应该尽量优先选用高转换效率、单片峰值功率较大的组件，以提高单位发电效率，减少辅材的使用量。

2. 光伏逆变器——从涓涓细流到波涛汹涌

光伏逆变器的主要功能是把光伏组件输出的直流电能尽可能多地转换成交流电能，提供给电网或者用户使用。在逆变器的转换过程中，追求最小的转换损耗和最佳的电能质量，它使转换后的交流电的电压、频率与电力系统交流电的电压、频率相一致，以满足各种交流用电负载供电及并网发电的需要，图1-6所示为常见光伏逆变器的外形图。

图1-6　常见光伏逆变器的外形图

光伏逆变器按运行方式不同，可分为并网逆变器和离网逆变器。并网逆变器用于并网运行的光伏发电系统。离网逆变器用于独立运行的光伏发电系统。由于在一定的工作条件下，光伏组件的功率输出将随着光伏组件两端输出电压的变化而变化，并且在某个电压值时组件的功率输出最大，因此逆变器一般都具有最大功率点跟踪（MPPT，详见第43页）功能，即逆变器能够调整组件两端的电压使得组件的功率输出最大。

在选用光伏逆变器，要结合光伏发电系统安装的实践经验，根据光伏电站建设的实际情况（如建设现场的使用环境、电站的分布情况、当地的气候条件等因素）来选用不同类型的逆变器。结合工程的实际情况选择合适的逆变器，不仅可以节省工程成本，简化安装条件，缩短安装时耗，而且可以有效提高系统发电效率。具体来说，对于地面光伏电站、沙漠光伏电站等，集中式并网逆变器一直是主流解决方案。集中式逆变器安装数量少，便于管理，逆变器设备投入也相对较少。因此更少的初始投资，更友好的电网接入，更少的后期运行维护成本是选择集中式逆变器的主要依据。组串式逆变器大多应用在中小型光伏电站中，特别是分布式光伏电站及与建筑结合的光伏建筑一体化类的发电系统。而组件式并网逆变器则更适用于几千瓦以内的小型光伏发电系统，如光伏车棚、光伏玻璃幕墙等。

随着并网逆变器种类和应用技术的不断丰富和提高，其选型和应用也要与时俱进，例如，在平坦无遮挡的应用场合，集中式逆变器和组串式逆变器的发电量基本持平，所以可以采用集中式逆变器为主，组串式逆变器补充的组合方式；而对于较大规模的分布式屋顶电站、渔光互补、水上漂浮电站等，只要安装面平坦，无不同朝向，没有局部遮挡，考虑到安装和维护的便利性，也可以首选集中式逆变器；而组串式逆变器由于单机容量小，MPPT数量多，配置灵活，主要用于复杂的小型山丘电站、农业大棚和复杂的屋顶等应用场合，总之，逆变器的选型要以高效、可靠、低成本为原则。根据逆变器的特点，一般8kW以下的系统宜选用单相组串式逆变器，8~500kW的系统选用三相组串式逆变器，500kW以上的系统，可以根据实际情况选用组串式逆变器或集中式逆变器。

3. 汇流箱与配电柜——能量汇集与分配的枢纽

（1）直流汇流箱

直流汇流箱主要是用在几百千瓦以上的光伏发电系统中，其用途是把光伏组件方阵的多路直流输出电缆集中输入、分组连接到直流汇流箱中，并通过直流汇流箱中的光伏专用熔断器、直流断路器、电涌保护器及智能监控装置等的保护和检测后，汇流输出到光伏逆变器。图1-7所示为一款16路直流汇流箱的内部结构。

图1-7 16路直流汇流箱内部结构

直流汇流箱的使用，大大简化了光伏组件与逆变器之间的连线，提高了系统的可靠性与实用性，不仅使线路连接井然有序，而且便于分组检查和维护。当光伏方阵局部发生故障时，可以局部分离检修，不影响整体发电系统的连续工作，保证光伏发电系统发挥最大效能。

（2）直流配电柜

大型的光伏发电系统，除了采用许多个直流汇流箱外，还要用若干个直流配电柜作为光伏发电系统中二、三级汇流之用。直流配电柜主要是将各个直流汇流箱输出的直流电缆接入后再次进行汇流，然后输出再与并网逆变器连接，有利于光伏发电系统的安装、操作和维护。图1-8所示为光伏发电系统直流配电柜的局部连接实物图。

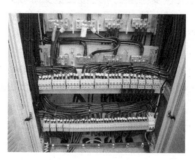

图1-8 直流配电柜局部连接实物图

（3）交流汇流箱

光伏交流汇流箱一般用于组串式光伏发电系统中，它是承接组串逆变器与交流配电柜或升压变压器的重要组成部分，主要作用是把多个逆变器输出的交流电经过二次集中汇流后送入交流配电柜中，大大简化了组串式逆变器与交流配电柜或升压变压器之间的连接线。交流汇流箱有常规汇流箱和智能汇流箱两类，常规交流汇流箱内部结构如图1-9所示。交流汇流箱一般为4~8路输入，每路输入都通过断路器控制，经母线汇流和二级防雷保护后，通过断路器或隔离开关输出。系统额定电压最高为AC690V，防护等级为IP65，可满足防水、防尘、防紫外线、防盐雾腐蚀的室外安装要求。

图1-9　常规交流汇流箱内部结构图

（4）交流配电柜

交流配电柜是光伏发电系统中连接在逆变器与交流负载或公共电网之间的电力设备，它的主要功能是对电能进行接收、调度、分配和计量，保证供电安全，显示电能参数和监测故障。

中小型光伏发电系统一般采用低压供电和输送方式，选用低压配电柜就可以满足电力输送和分配的需要。大型光伏发电系统大都采用高压配供电装置和设施输送电力，并入电网，因此要选用符合大型发电系统需要的高压配电柜和升、降压变压器等配电设施。

交流配电柜一般由专业生产厂商设计生产并提供成型产品。当没有成型产品提供或成品不符合系统要求时，可以根据实际需要自己设计制作。

（5）并网配电箱

并网配电箱也是一种小型的交流配电箱，主要用于400kW以下的分布式光伏发电系统与交流电网的并网连接和控制。满足光伏发电系统对并网断路点的如下要求：

1）分布式电源并网点应安装易操作、具有明显开断指示、具备开断故障电流能力的断路器。断路器可选用微型、塑壳型或万能断路器，要根据短路电流水平选择设备开断能力，并应留有一定裕量。

2）分布式电源以380V/220V电压等级接入电网时，并网点和公共连接点的断路器应具备短路速断、延时保护功能和分励脱扣、失压跳闸及低压闭锁合闸等功能，同时应配置剩余电流保护功能。

并网配电箱一般有两类：一类是带电能表位置的配电箱，电力公司只需要在并网时直接将电能表安装在已有的配电箱内，进行并网连接，如图1-10a所示；另一类配电箱是没有电能表位置，如图1-10b、c所示。电力公司在并网时还要安装一个包含计量电能表及必要的互感器、断路器等装置的配电箱与现有配电箱连接并网。配电箱与电能表放在一起的好处是，接线距离短，线损比较少，还节省一个箱子，检查和维修都方便，适合30kW以下的系统。

  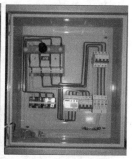

a) 带计量电能表的 　　　 b) 单相并网配电箱 　　　 c) 三相并网配电箱
　　并网配电箱

图1-10 几款并网配电箱实体构造图

4. 升压变压器与箱式变电站——能量变换的利器

小容量的分布式光伏发电系统一般都是采用用户侧直接并网的方式，接入电压等级为0.4kV的低压电网，以自发自用为主，不向中高压电网馈电。容量在几百千瓦以上的分布式光伏发电站往往都需要并入中高压电网，逆变器输出的电压必须升高到跟所并电网的电压一致，才能实现并网和电能的远距离传输。实现这一功能的升压设备主要是升压变压器以及由升压变压器和高低压配电系统组合而成的箱式变电站。

升压变压器要优先选用能够自然冷却的干式、低损耗、无励磁调压型电力变压器，变压器的容量要根据光伏方阵单元接入的最大输出功率确定。

5. 光伏支架——获取能量的有力支撑

光伏发电系统中使用的光伏支架主要有固定倾角支架、倾角可调支架（见图 1-11）和自动跟踪支架几种。自动跟踪支架又分为单轴跟踪支架和双轴跟踪支架。其中单轴跟踪支架又可以细分为平单轴跟踪（见图 1-12）、斜单轴跟踪（见图 1-13）和方位角单轴跟踪支架三种。目前，在分布式光伏发电系统中，以固定倾角支架和倾角可调支架的应用最为广泛。光伏支架的具体分类如图 1-14 所示。

图 1-11　几种倾角调节机构实体图

图 1-12　水平单轴自动跟踪支架

图 1-13　斜单轴自动跟踪支架

6. 储能蓄电池——能量的"蓄水池"

储能蓄电池主要用于离网光伏发电系统和带储能装置的并网光伏发电系统中，其作用主要是存储光伏电池发出的电能，并可随时向负载供电。光伏发电系统对蓄电池的基本要求是：自放电率低，使用寿命长，充电效率高，深放电能力强，工作温度范围宽，少维护或免维护以及价格低廉。目前为光伏发电系统配套使用的主要是免维护铅酸电池、铅碳电池和锂离子电池等，当有大容量电能存储时，就需要将多只蓄电池串、并联起来构成蓄电池组。

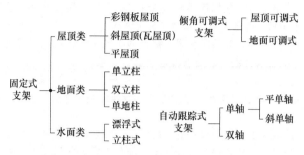

图1-14 光伏支架的具体分类

　　蓄电池的选型一般应根据光伏发电系统设计和计算出的结果，来确定蓄电池或蓄电池组的电压和容量，选择合适的蓄电池种类及规格型号，再确定其数量和串并联方式等。为了使逆变器能够正常工作，同时为了给负载提供足够的能量，必须选择容量合适的蓄电池组，使其能够提供足够大的冲击电流来满足逆变器的需要，以应付一些冲击性负载如电冰箱、冷柜、水泵和电动机等在起动瞬间产生的很大电流。

　　7. 监测装置与防雷接地——光伏系统的守护神
　　(1) 光伏发电监测装置
　　光伏发电系统的监控测量系统是各相关企业针对光伏发电系统开发的管理服务软件平台，可对光伏组件方阵、直流/交流汇流箱、逆变器、直流/交流配电柜、升压变压器等各种设备的运行状况及电站周边环境、气象状况等进行实时监测和控制。系统监测装置通过各种样式的图表及数据快速掌握光伏系统的运行情况，用友好的用户界面、强大的分析功能、完善的故障报警确保光伏发电系统的安全可靠和稳定运行。小型并网光伏发电系统可配合逆变器对系统进行实时持续的监视记录和控制、系统故障记录与报警以及各种参数的设置，还可通过有线或无线网络进行远程监控和数据传输，通过计算机、手机等终端设备获得数据。

　　(2) 防雷接地系统
　　由于光伏发电系统的主要部分都安装在露天状态下，且分布的面积较大，因此存在着受直接和间接雷击的危害。同时，光伏发电系统与相关电气设备及建筑物有着直接的连接，因此对光伏系统的雷击还会涉及相关的设备和建筑物及用电负载等。为了避免雷击对光伏发电系统的损害，就需要设置防雷与接地系统进行防护。

光伏发电系统的接地类型和要求主要包括以下几个方面：

1）防雷接地。包括避雷针（带）、引下线、接地体等，要求接地电阻小于10Ω，并最好考虑单独设置接地体。

2）工作接地。包括逆变器、蓄电池组的中性点、电压互感器和电流互感器的二次线圈等，要求接地电阻小于等于4Ω。

3）安全保护接地。包括光伏组件外框、支架，控制器、逆变器、配电柜外壳，蓄电池支架、电缆外皮、金属穿线管外皮等，要求接地电阻小于等于4Ω。

4）屏蔽接地。电子设备的金属屏蔽，要求接地电阻小于等于4Ω。

5）当安全保护接地、工作接地、屏蔽接地和防雷接地4种接地共用一组接地装置时，其接地电阻按其中最小值确定；若防雷已单独设置接地装置时，其余3种接地宜共用一组接地装置，其接地电阻不应大于其中最小值。

6）条件许可时，防雷接地系统应尽量单独设置，不与其他接地系统共用，并保证防雷接地系统的接地体与公用接地体在地下的距离保持在3m以上。

1.5　离网和并网光伏发电系统及应用

离网光伏发电系统主要是指分散式的不与电网连接的电站系统，其主要有两种运行方式：①系统独立运行向附近用户的供电；②系统独立运行，但在电站系统与当地电网之间有保障供电的自动切换装置。

并网光伏电站系统主要是指与公共电网连接的各种形式的光伏电站系统。按运行方式可分为3种：①系统与电网系统并联运行，但光伏发电对当地电网无电能输出（无逆流）；②系统与电网系统并联运行，且能向当地电网输出电能（有逆流）；③系统与电网系统并联运行，并带有储能装置，可根据需要切换成局部用户独立供电系统，也可以构成局部区域或用户的"微电网"运行方式。

1.5.1　离网光伏发电系统及应用

离网光伏发电系统是太阳能光伏发电常见的一种应用方式，其工作原理如图1-15所示。离网光伏发电系统不与电网连接，夜晚用电需要利用储存在蓄电池中的能量。离网光伏发电系统的设计和安装容量，就是光伏发电容量和储能容量必须满足用户最大用电量的需求。

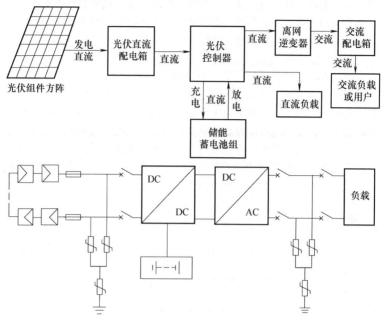

图1-15 离网（独立）光伏发电系统的工作原理

离网光伏发电系统适用于下列情况及场合：①远离电网的边远地区、农林牧区、山区、岛屿；②不需要并网的场合；③夜间、阴雨天等也需要供电的场合；④不需要备用电源的场合等。

一般来说，远离电网而又必需电力供应的地方以及如柴（汽）油发电等需要运输燃料、发电成本较高的场合，使用离网光伏发电系统将比较经济、环保，可优先考虑。有些场合为了保证离网供电的稳定性、连续性和可靠性，往往还需要采用柴（汽）油发电机、风力发电机等与光伏发电系统构成风光油互补的微电网发电系统。

离网光伏发电系统有下列四种形式。

1. 独立光伏发电系统

独立光伏发电系统原理如图1-15所示。该系统由光伏组件、光伏控制器、储能蓄电池等组成。有阳光时，光伏电池将光能转换为直流电能向储能蓄电池充电，并同时通过光伏逆变器把直流电转换成交流电，为交流用户或负载提供电能。在夜间或阴雨天时，则由储能蓄电池存储的直流电能通过光伏逆变器转换为交流电向负载供电。这种系统广泛应用在远离电网的移动通信基站、微波中转站，边远地区农村供电等。当系统容量和负载功率较大时，就需要配备光伏组件方阵和蓄电池组。这类系统往往有直流电压输出，可以直接为直流负载供电。

2. 能自动切换的光伏发电系统

带切换装置的离网光伏发电系统如图 1-16 所示。所谓自动切换就是具有与公共电网自动运行双向切换的功能。一是当光伏发电系统因多云、阴雨天及自身故障等导致发电量不足时，切换器能自动切换到公共电网供电一侧，由电网向负载供电；二是当电网因为某种原因突然停电时，光伏系统可以自动切换使电网与光伏系统分离，成为独立光伏发电系统工作状态。有些带切换装置的光伏发电系统，还可以在需要时断开为一般负载的供电，接通为应急负载的供电。

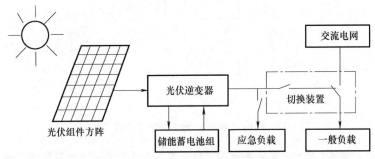

图 1-16   能自动切换的光伏发电系统

3. 市电互补光伏发电系统

市电互补光伏发电系统如图 1-17 所示。所谓市电互补光伏发电系统，就是在独立光伏发电系统中以光伏发电为主，以普通 220V 交流电补充电能为辅。这样光伏发电系统中光伏组件和蓄电池的容量都可以设计得小一些，基本上是当天有阳光，当天就用太阳能发的电，遇到阴雨天时就用市电做补充。在我国大部分地区全年基本上都有 2/3 以上的晴好天气，这样系统全年就有 2/3 以上时间可以用太阳能发电，剩余时间用市电补充能量。这种形式既减小了太阳能光伏发电系统的一次性投资，又有显著的节能减排效果，是光伏发电在几年前推广和普及过程中一个过渡性的好办法。这种形式原理上与下面将要介绍的无逆流并网型光伏发电系统有相似之处，但还不能等同于并网应用。

4. 风光互补及风光油互补离网光伏发电系统

风光互补及风光油互补离网光伏发电系统如图 1-18 所示。所谓风光互补是指在光伏发电系统中并入风力发电系统,使太阳能和风能根据各自的气象特征形成互补。一般来说,白天只要天气晴好,光伏发电系统就能正常运行,而夜晚无阳光时往往风力又比较大,风力发电系统恰好弥补光伏发电系统的不足。风光互补发电系统同时利用太阳能和风能发电,对气象资源的利用更加充分,可实现昼夜发电,提高了系统供电的连续性和稳定性,但在风力资源欠佳的地区不宜使用。

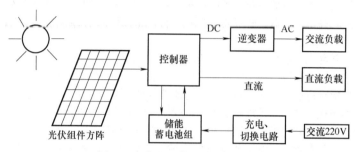

图 1-17 市电互补光伏发电系统

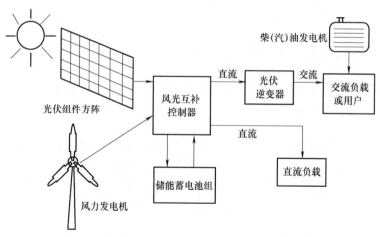

图 1-18 风光互补及风光油互补离网光伏发电系统

另外,在比较重要的或供电稳定性要求较高的场合,还需要采用柴(汽)油发电机与光伏、风力发电系统构成风光油互补的发电系统。其中柴(汽)油发电机一般处于备用状态或小功率运行待机状态,当风光发电不足和蓄电池储能不足时，由柴（汽）油发电机补充供电。

1.5.2 并网光伏发电系统及应用

并网光伏发电系统适用于当地有公共电网的区域，其可将发出的电力直接送入公共电网，也可以就近送入用户的供用电系统，由用户部分或全部直接消纳，用电不足的部分可由公共电网输入补充。

图 1-19 所示为并网光伏发电系统的工作原理示意图。并网光伏发电系统由光伏组件方阵将光能转变成电能，并经直流汇流箱和直流配电柜进入并网逆变器，有些类型的并网光伏发电系统还要配置储能系统储存电能。

并网光伏逆变器由功率调节、交流逆变、并网保护切换等部分构成。经逆变器输出的交流电通过交流配电柜后供用户或负载使用，多余的电能可通过电力变压器等设备逆流馈入公共电网（可称为卖电）。当并网光伏系统因气候原因发电不足或自身用电量偏大时，可由公共电网向用户负载补充供电（称为买电）。系统还配备有监控、测试及显示系统，用于对整个系统工作状态的监控、检测及发电量等各种数据的统计，还可以利用计算机网络系统远程传输控制和显示数据。

并网光伏发电系统可以向公共电网逆流供电，其"昼发夜用"的发电特性正好可对公共电网实行峰谷调节，对加强供电的稳定性和可靠性十分有利，与离网光伏发电系统相比，可以不用储能蓄电设备（特殊场合除外），从而扩大了使用范围和灵活性，并使发电系统成本大大降低。

对于有储能系统的并网光伏发电系统，光伏逆变器中将含有充放电控制功能和交流电反向充电功能（双向逆变器），负责调节、控制和保护储能系统正常工作。

分布式并网光伏电站是相对集中式大型并网光伏电站而言的，集中式大型并网光伏电站一般都是国家级电站，其主要特点是将所发电能直接输送到电网，由电网统一调配向用户供电。这种电站投资大，建设周期长，占地面积大，需要复杂的控制和配电升压设备。而分布式并网光伏电站的系统，特别是与建筑物相结合的屋顶光伏发电系统、光伏建筑一体化发电系统等，由于投资小、建设快、占地面积小、政策支持力度大等优点，是目前和未来并网光伏发电的主流。分布式并网光伏电站所发的电能直接就近分配到周围用户，多余或不足的电力通过公共电网调节，多余时向电网送电，不足时由电网供电。分布式并网光伏电站的系统一般有下列几种形式。

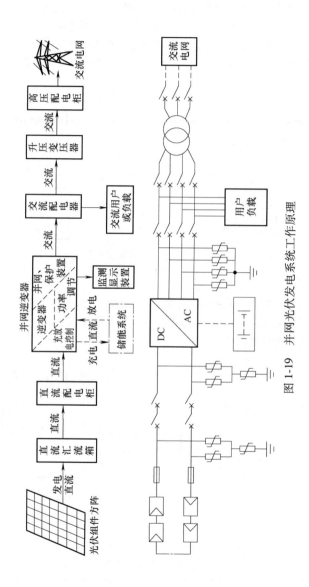

图1-19 并网光伏发电系统工作原理

1. 有逆流并网光伏发电系统

有逆流并网光伏发电系统如图 1-20 所示。当光伏发电系统发出的电能充裕时，可将剩余电能馈入公共电网，向电网送电（卖电）；当光伏发电系统提供的电力不足时，由电网向用户供电（买电）。由于该系统向电网送电时与由电网供电的方向相反，所以称为有逆流并网光伏发电系统。

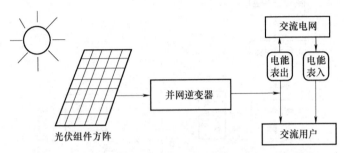

图 1-20　有逆流并网光伏发电系统

2. 无逆流并网光伏发电系统

无逆流并网光伏发电系统如图 1-21 所示。无逆流并网光伏发电系统即使发电充裕时也不向公共电网供电，但当光伏系统供电不足时，则由公共电网向负载供电。

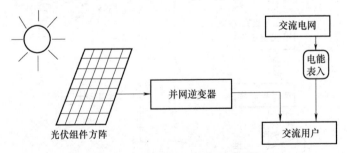

图 1-21　无逆流并网光伏发电系统

3. 有储能装置的并网光伏发电系统

有储能装置的并网光伏发电系统如图 1-22 所示，就是在上述两种并网光伏发电系统中根据需要配置储能装置。带有储能装置的光伏发电系统主动性较强，当电网出现停电、限电及故障时，可独立运行并正常向负载供电。因此，带有储能装置的并网光伏发电系统可作为紧急通信电源、医疗设备、加油站、避难场所指示及照明等重要场所或应急负载的供电系统。同时，带有储能系统的并网光伏发电对减少电网冲击、削峰填谷、提高用户光伏电力利用率、建立智能微电网等都具有非常重要的意义。光伏+储能也会成为今后扩大光伏发电应用的必由之路。

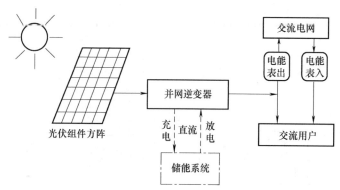

图 1-22　有储能装置的并网光伏发电系统

4. 分布式智能电网光伏发电系统

分布式智能电网光伏发电系统如图 1-23 所示。该发电系统利用离网光伏发电系统中的充放电控制技术和电能存储技术，克服了单纯并网光伏发电系统受自然环境条件影响使输出电压不稳、对电网冲击严重等弊端，同时能部分增加光伏发电用户的自发自用量和上网卖电量。另外，利用各自系统储能电量和用电量的不同以及时间差异化，可以使用户在不同的时间段介入电网，进一步减少对电网的冲击。

该系统中每个单元都是一个带储能装置的并网光伏发电系统，都能实现光伏并网发电和离网发电的自动切换，保证了光伏并网发电和供电的可靠性，缓解了光伏并网发电系统启停运行对公共电网的冲击，增加了用户用电的自发自用量。

分布式智能电网光伏发电系统是今后并网光伏发电应用的趋势和方向，其主要优点有：①减小对电网的冲击，稳定电网电压，起到削峰填谷的作用；②增加用户的自发自用量或卖电量；③在电网发生故障时能独立运行，解决覆盖范围的正常供电；④确保和增加光伏发电在整个能源系统中的占比和地位。

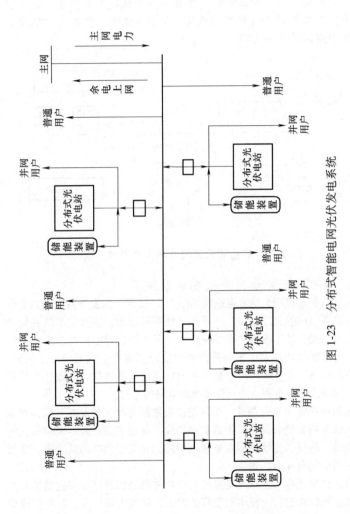

图 1-23 分布式智能电网光伏发电系统

第2章

光伏发电常用术语与
必备电工知识

2.1 太阳能及光伏发电常用术语

2.1.1 太阳能及地球相关物理量术语

1. 太阳及其基本参数

太阳是太阳系的中心天体，是距离地球最近、与地球关系最密切的一颗恒星。它是一个巨大的、呈炽热状态的气体球状体，主要由氢和氦等元素组成，其中氢占 80%，氦占 19%，在太阳内部不断地进行着剧烈的热核反应（氢氦聚变）。

太阳是太阳系中能发光的恒星，它的质量约为 $1.989×10^{30}$ kg，占到了太阳系总质量的 99.86%，是地球质量的 33.3 万倍；直径为 $1.392×10^6$ km，是地球直径的 109 倍；体积为 $1.412×10^{18}$ km^3，是地球体积的 130 万倍；平均密度为 1.409g/cm^3，只有地球的 1/4；表面有效温度为 5770℃，核心温度为 $1.560×10^7$℃，总辐射功率为 $3.83×10^{26}$ J/s；地球到太阳的平均距离为 15000 万 km，近日点与远日点的距离相差 500 万 km；太阳的自转周期为 25~30 天，距最近的恒星的距离为 4.3 光年；太阳的活动周期为 11.04 年，太阳到目前约 46 亿岁，其"余生"大约还有 50 亿年。

2. 太阳能

太阳能是由太阳中的氢经过核聚变而产生的一种能源。太阳发出的能量大约只有二十二亿分之一能够到达地球大气层的范围，约为 $1.73×10^{17}$ J/s。经过大气层的吸收和反射，到达地球表面的约占 51%（如图 2-1所示），大约为 $8.8×10^{16}$ J/s。由于地球表面大部分被海洋覆盖，真正能够到达陆地表面的能量只有到达地球范围辐射能量的 10% 左右，约为 $1.73×10^6$ J/s。尽管如此，把这些能量利用起来，也能够相当于目前全球消耗能量的 3.5 万倍。考虑到太阳的寿命至少还有 50 亿年以及其中不含其他有害成分，可以认为太阳能是一种永久、巨大、清洁的绿色能源。充分而合理地利用太阳能，将会是现在和未来解决能源需求和环境污染的有效手段。

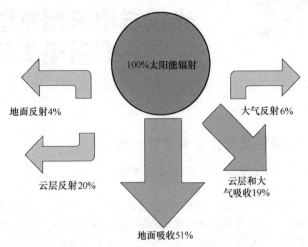

图2-1　太阳能的辐射、反射与吸收示意图

到达地球表面的太阳能大体分为三部分：一部分转变为热能（约4.0×10¹³kW），使地球的平均温度大约保持在14℃，形成适合各种生物生存和发展的自然环境，同时地球表面的水不断蒸发，形成全球每年约50×10¹⁶km³的降水量，其中大部分降水落在海洋中，少部分落在陆地上，这就是云、雨、雪、江、河、湖形成的原因。太阳能中还有一部分（约3.7×10¹³kW）用来推动海水及大气的对流运动，形成海流能、波浪能和风能。太阳能还有少部分被植物叶子的叶绿素所捕获，成为光合作用的能量来源。

3. 太阳光的光谱

太阳光发出的是连续光谱。所谓连续光谱，就是太阳光是由连续变化的不同波长的光混合而成的。也就是说，太阳光由许多不同的单色光组合而成。其中由红、橙、黄、绿、青、蓝、紫排列起来的光，都是人的眼睛能看得见的，叫做可见光谱，它的波长范围是0.39~0.77μm。在可见光中，波长较长的部分是红光，波长较短的部分是紫光，中间依次为橙、黄、绿、青、蓝光。在太阳光谱中，可见光只占了极窄的一个波段。波长比红光更长的光（0.77μm以上）叫做红外光，波长比紫光更短的光（0.39μm以下）叫做紫外光。整个太阳光谱波长范围是非常宽广的，从几埃（10⁻¹⁰m）到几十米。虽然太阳光谱的波长范围很宽，但是辐射能的大小按波长的分配却是不均匀的。其中辐射能量最大的区域在可见光部分，占到大约48%，紫外光谱区的辐射能量占到约8%，红外光谱区的辐射能量占到约44%，如图2-2所示。在整个可见光谱区，最大能量在波长0.475μm处。对太阳电池来讲，太短的短波将不能进行能量变换，过分长的长波只能转换为热量。

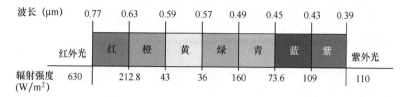

图2-2 太阳光谱的波长及辐射强度

4. 太阳的直接辐射和散射辐射

太阳的直接辐射就是通过直线路径从太阳射来的光线，它被物体遮挡时，能在物体背后形成边界清晰的阴影。而散射辐射则是经过大气分子、水蒸气、灰尘等质点的反射，改变了方向的太阳辐射。它似乎从整个天空的各个方向来到地球表面，但大部分来自靠近太阳的天空。太阳的散射光线如同阴天和雾天一样，不能被物体遮蔽形成边界清晰的阴影，也不能用凸透镜或反射镜加以聚焦或反射。

太阳辐射的总辐射强度是直接辐射强度和散射辐射强度的总和。直接辐射强度与太阳的位置以及接收面的方位和高度角等都有很大的关系。散射辐射则与大气条件，如灰尘、烟气、水蒸气、空气分子和其他悬浮物的含量，以及阳光通过大气的路径等有关。一般在晴朗无云的情况下，散射辐射的成分较小；在阴天、多烟尘的情况下，散射辐射的成分较大。

散射辐射的强度通常以和总辐射强度的比来表示，不同的地方和不同的气象条件，其差异很大，散射辐射强度一般占到总辐射强度的百分之十几到百分之三十几。

5. 太阳辐射及能量的计量

自然界中的一切物体，只要温度在热力学温度零度以上，都以电磁波的形式时刻不停地向外传送热量，这种传送能量的方式称为辐射。物体通过辐射所放出的能量称为辐射能，简称辐射。辐射是以电磁波和粒子（如α粒子、β粒子等）的形式向外放散。无线电波和光波都是电磁波。在单位时间内，太阳以辐射形式发送的能量称为太阳辐射功率或辐射通量，单位为瓦（W）；太阳辐射到单位面积上的辐射功率（辐射通量）称为辐射度或辐照度（也可称光照强度或日照强度），单位为瓦/米^2（W/m^2），这个物理量表示的是单位面积上接收到的太阳辐射的瞬时强度；而在一段时间内，太阳辐射到单位面积上的辐射能量称为辐射量或辐照量，单位为千瓦·时/米^2·年 [（kW·h）/m^2·y]、千瓦·时/米^2·月 [（kW·h）/m^2·m] 或千瓦·时/米^2·日 [（kW·h）/m^2·d]，这个物理量表示的是单位面积上接收的太阳能辐射量在一段时间里的累积值，也就是某段时间内的辐射总量。

太阳辐射具有周期性、随机性和能量密度低的特点：

1）周期性。太阳辐射的周期性是由地球自身的自转以及地球围绕太阳公转产生的。

2）随机性。地球表面接收到的太阳辐射受云、雾、雨、雪、雾霾和沙尘等因素的影响。这些因素的随机性决定了太阳辐射的随机性。

3）能量密度低。地面接收到的太阳总辐射强度一般会低于世界气象组织确定的太阳常数。

6. 太阳常数

太阳常数是指大气层外垂直于太阳光线的平面上，单位时间、单位面积内所接收的太阳辐射能。也就是说，在日地平均距离的条件下，在地球大气层上界，垂直于太阳光线的1cm^2 的面积上，在1min 内所接收的太阳辐射能量，为太阳常数。它是用来表达太阳辐射能量的一个物理量。太阳常数值被世界气象组织确定为（1367±7）W/m^2。太阳常数在一定程度上代表了垂直到达大气上界的太阳辐射强度。

太阳常数是一个相对稳定的常数，依据太阳黑子的活动变化，所影响的是气候的长期变化，而不是短期的天气变化。由于太阳表面常常有黑子等太阳活动的缘故，所以太阳常数也不是固定不变的，一年当中的变化幅度在1%左右。

7. 大气质量

太阳辐射到达地面的衰减程度，主要取决于穿过大气层的光程长度或者叫大气层的厚度。也就是说，由于大气层导致太阳辐射量减少的比例与大气的厚度有关，大气层厚度越大，太阳光线经过大气的路程越长，表示被大气吸收、反射、散射的越多，受到的衰减就越多，到达地面的能量就越少。定量的表示大气厚度的单位俗称为"大气质量"。在晴朗的天气，通常把太阳当顶时垂直于海平面的太阳辐射穿过的大气厚度规定为一个大气质量，用 AM1 表示，即用由太阳垂直入射的通过空气厚度作为计量标准，如图 2-3 所示，大气层上界的太阳辐射没有经过空气的吸收，所以太阳常数又称为大气质量为零时的辐射量，用 AM0 表示。而在实际应用中，由于地球表面为球面，太阳高度角也不断变化，大气引起的太阳辐射曲折等，大气质量都低于 AM1，对光伏电池及其组件的性能评价及参数测量时，使用的大气质量标准都为 AM1.5，这时对应的太阳高度角为 41.8°。大气质量从一个方面反映了大气层对太阳辐射的影响。

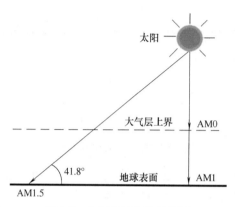

图 2-3　大气质量参数示意图

8. 地球绕太阳的运行规律

地球绕太阳运行规律及四季变化示意图如图 2-4 所示。众所周知，地球会绕着"倾斜"的"地轴"自西向东自转，产生昼夜更替的现象，周期为 24h。除了自转，地球还沿偏心率很小的近似椭圆形轨道绕太阳公转，从北极上空看，地球是沿逆时针方向绕太阳运转，公转周期为 365 天 5 小时 48 分 46 秒。地球公转轨道平面（即黄道平面）同赤道平面的夹角称为黄赤交角，约为 23°26′。由于黄赤交角的存在，同时地轴在宇宙空间的方向保持不变，所以使得太阳直射点会随着地球的公转相应地在地球南北回归线之间往返移动。而当地球处于公转运行轨道的不同位置时，阳光投射到地球的方向也就不同，形成了地球四季的变化，当直射点位于最北时为夏季，位于最南时为冬季，位于赤道时为春分或秋分。

9. 太阳的时角和赤纬角

太阳的时角和赤纬角是决定太阳在空间位置的两个参数。在天球系统中，时角是指时圈与观察者子午圈之间的角度，也即太阳绕地轴的每日视旋转运动，用时角 ω 来表示。从观察者位置，时角正午角度为零，

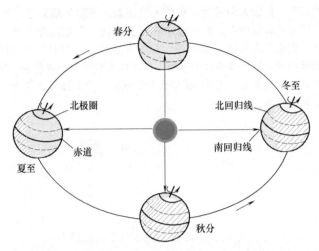

图 2-4　地球绕太阳运行规律及四季变化示意图

向西为正角度，向东为负角度，也就是下午时角为正角度，上午时角为负角度，时角的角度变化为每隔 1h 增加 15°，其计算公式为 $\omega = (T_s - 12) \times 15°$，式中 T_s 为每日时间。例如：上午 9 时，$\omega = (9-12) \times 15° = -45°$；上午 11 时，$\omega = (11-12) \times 15° = -15°$；下午 14 时，$\omega = (14-12) \times 15° = 30°$；下午 18 时，$\omega = (18-12) \times 15° = 90°$。

　　赤纬角是指太阳中心与地球中心的连线与地球赤道平面之间的夹角。太阳中心与地球中心的连线与地面的相交点是太阳直射点，在这一点处，太阳垂直照射地面，在全球辐射最强，太阳直射点所在的纬度被称为太阳赤纬，也叫赤纬角。由于地球不停地绕太阳公转，赤纬角在一年中，会在 ±23°27′ 之间变化，即在南回归线和北回归线之间摆动，形成季节的标志。

　　每年 6 月 21 日或 22 日赤纬角达到最大值 +23°27′，称为夏至，该日中午太阳位于地球北回归线正上空，是北半球日照时数最长、南半球日照时数最短的一天。随后赤纬角逐渐减小，至 9 月 21 日或 22 日，角度为 0°，全球的昼夜时间均相等，为秋分。至 12 月 21 日或 22 日，赤纬角减小为最小值 -23°27′，为冬至，此时阳光斜射北半球，昼短夜长，而南半球则相反。至次年的 3 月 21 日或 22 日，赤纬角又回到 0° 时，为春分，如此周而复始形成春夏秋冬四季。

10. 太阳的高度角和方位角

　　人们在地球上观察太阳相对于地球的位置时，实际上是太阳相对地球的地平面而言的。通常用高度角和方位角两个角度来确定。同一时刻，在地球上不同的位置，高度角和方位角是不相同的；同一位置，不同的时刻，高度角和方位角也是不相同的。

太阳的高度角是指太阳直射到地面的光线与地（水）平面的夹角，即是指太阳光的入射方向和地平面之间的夹角，如图2-5所示。太阳高度角是反映地球表面获得太阳能强弱的重要因素，日出日落时，高度角为0°，正午时高度角为最大。人们感觉早晚与中午的阳光强度有很大差异，原因就在于太阳高度角的不同。

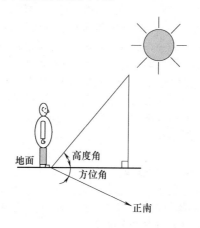

图 2-5 太阳的高度角和方位角示意图

太阳方位角就是说太阳所在的方位，是指太阳光线在地平面上的投影与当地子午线的夹角，可近似地看作是竖立在地面上的直线在阳光下的阴影与正南方的夹角。方位角以正南方向为0°，由南向东向北为负角度，由南向西向北为正角度，如太阳在正东方时，方位角为-90°，在正西方时方位角为90°。实际上太阳并不总是东升西落，只有在春、秋分两天，太阳是从正东方升起，正西方落下。在夏至时，太阳从东北方升起，在正午（太阳中心正好在子午线上的时间，即太阳方位角由负值变为正值的瞬间）时，太阳高度角的值是一年中最大的，然后从西北方落下。在冬至时，太阳从东南方升起，在正午时，太阳高度角的值是一年中最小的，然后从西南方落下。

太阳方位角决定了阳光的入射方向，决定了各个方向的山坡或不同朝向建筑物的采光状况。当太阳高度角很大时，太阳基本上位于天顶位置，这时太阳方位角的影响较小。

因此，了解太阳高度角和方位角对分析地面的太阳光强、适宜的利用太阳能有重要意义。

11. 地球的经度和纬度

在地图或者地球仪上，可以看到一条一条的经度线和纬度线，它们可以准确地反映某一点在地球上的精确位置。经度和纬度不同，气候也不同，太阳辐射能量的差异也有很大区别。

习惯上我们把与地轴线垂直的地球中腰线线圈叫做赤道，在赤道的南北两边，画出许多和赤道平行的圆圈，就是纬度圈，构成纬度圈的线段就是纬线。纬度共有 90°，即向南向北各为 90°，赤道定为纬度 0°，向两极排列，纬度圈越小，度数越大。位于赤道以北的纬度叫北纬，记为 N，赤道以南的纬度叫南纬，记为 S。北极就是北纬 90°，南极就是南纬 90°。纬度的高低也标志着气候的冷暖，如赤道和低纬度地区无冬天，两极和高纬度地区无夏天，中纬度地区四季分明。纬度在 0°~30°之间的地区叫低纬地区，在 30°~60°之间的地区叫中纬地区，在 60°~90°之间的地区叫高纬地区。

从北极点到南极点，可以画出许多南北方向上与地球赤道垂直的大圆圈，构成这些圆圈的线段就叫经线。即是在地面上连接两极的线，表示南北方向。国际上规定，把通过英国伦敦格林尼治天文台原址的那一条经线定为 0°，并称为本初子午线。本初子午线是为了确定地球经度和全球时刻而采用的标准参考子午线。

12. 太阳能的吸收、转换和储存

太阳能的吸收其实也包含转换，如太阳光照射在物体上，被物体吸收，物体的温度升高，这就是太阳光能变成了热能。太阳光照射在太阳电池上被它吸收，在电极上产生电压，能通过外电路输出电能，就是把太阳光能变成电能。太阳光照射在植物的叶子上，被叶绿体吸收，通过光合作用变成化学能，而且储存在其中，维持植物生命并促使它生长，在这里太阳能的吸收除了转换，还有储存。

当太阳辐射能入射到任何材料的表面上时，有一部分被反射出去，一部分被材料吸收，另一部分会透过材料。因此，太阳辐射能量应当等于被材料反射的能量、吸收的能量和透过材料的能量之和，即

$$太阳辐射能量 = 吸收率 + 反射率 + 透射率 = 1$$

吸收率是材料吸收的能量占全部入射能量的百分比，反射率是材料反射的能量占全部入射能量的百分比，透射率是材料透射的能量占全部入射能量的百分比。这 3 个能量的大小，不但与物质表面温度、物理特

性、几何形状、材料性质有关，而且与波长也有关。

当透射率等于 0 时，这种物体就是不透明体；当吸收率等于 1 时，就是入射能全被物体吸收，这种物体称为黑体。反射分为两种，一种是镜面反射，另一种是漫反射。镜面反射服从入射角等于反射角的反射定律。而漫反射使入射辐射在反射后分散到各个方向上。通常实际物体的表面均具有这两种反射的性质，只是各占的比例不同而已。

对于太阳能热利用的场合来说，太阳辐射能被吸收的同时，实际上已经转换成为热能，然后传送到用热的地方利用，或者传送到储热器储存。如果吸收器达到的温度高，便可用来发电或用于工业加工。如果吸收器达到的温度低，如 100℃以下，就可以用来加热水或用作采暖。

太阳能的另一种重要的转换，就是直接由太阳辐射能转换为电能。当光照射在金属或绝缘体上时，除被表面反射掉一部分外，其余部分都被吸收，变为热能，使其温度升高。当光照射在半导体上时，则和照在金属和绝缘体上截然不同。金属中自由电子很多，光照引起的导电性能的变化完全可以忽略；绝缘体在很高温度下都未能激发出更多的电子参加导电，说明电子所受的束缚力很大，光照也不足以把电子释放出来，影响它的导电性能。在导电性能介于金属和绝缘体之间的半导体中，电子所受的束缚力远小于绝缘体，如可见光的光子能量就能把它从束缚状态激发到自由导电状态，从而降低了它的电阻。这就是半导体的光电效应，它的应用就产生了光敏电阻、光敏晶体管等光敏半导体器件。

当半导体内局部区域存在电场时，光生载流子将被电场吸附，而形成电荷积累。电场两侧由于电荷积累而产生光生电压，这叫做光生伏特效应，简称光伏效应，这就是太阳电池的原理。太阳电池就是把太阳辐射能直接转换为电能的基本器件。

太阳能的另一种重要转换方式是转换成生物质能。生物质是有机物中所有来源于动植物的可再生物质。动物以植物为生，而绿色植物通过光合作用将太阳能转变为生物质的化学能，因此，生物质能都来源于太阳能。

风能实际上也来自太阳能。地球大气层吸收太阳辐射而被加热，由于受热不均而产生压力差，形成空气流动，就产生风，这时太阳能就转变为风的动力能了。同样，水力能也来自太阳能。地球表面的水吸收太阳能而被加热，水蒸发为水蒸气，升到高空遇冷凝结，下降为雨、雪。下降的水由高处流向低处，就形成江河，于是太阳能就转变为水流的动力能了。

当利用太阳电池把太阳能直接转换为电能时，最方便的储能方法就是给蓄电池充电。

2.1.2　光伏发电相关专业术语

1. 半导体材料及其性质

自然界的各种物质按其导电性能可以分为导体、绝缘体和半导体三大类。

导体具有良好的导电性，常温下其内部存在着大量的自由电子，它们在外电场的作用下做定向运动形成较大的电流，因而导体的电阻率很小，常见的金属类材料如金、银、铜、铝、铁等基本都是导体，它们的电阻率 $\rho \leqslant 10^{-6} \Omega \cdot m$。

绝缘体几乎不导电，如橡胶、塑料、陶瓷等。在这类材料中，几乎没有自由电子，即使受到外电场的作用也不会形成电流。所以，绝缘体的电阻率很大，它们的电阻率 $\rho \geqslant 10^{10} \Omega \cdot m$。

半导体的导电能力介于导体和绝缘体之间，如硅、锗、硒等，它们的电阻率通常在导体和绝缘体之间。由于半导体的导电性能受杂质、温度、光照等条件的影响十分显著，因而在方方面面得到广泛应用。

半导体材料具有以下一些性质：

1）杂质对半导体导电性能的影响。半导体材料在室温下的电阻率为 $10^{-4} \sim 10^{9} \Omega \cdot cm$。在半导体材料中加入微量杂质能显著改变半导体的导电能力。掺入的杂质量不同，可使半导体的电阻率在很大的范围内发生变化。在同一种材料中掺入不同类型的杂质，可以得到不同导电类型的材料。

2）温度对半导体导电性能的影响。半导体的导电能力随着温度的升高将会迅速增加，半导体的电阻率具有负温度系数，所以，温度能显著改变半导体的导电性能。

3）导电由两种载流子参与。在半导体材料中，参与导电的载流子既有带负电荷的电子，也有带正电荷的空穴。而且在同一种半导体材料中，既可以形成以电子为主的导电，也可以形成以空穴为主的导电。而在金属类材料中，仅靠电子导电。在电解质中，靠正离子和负离子同时导电。

4）其他外界条件对半导体导电性能的影响。半导体的导电性能还会随着光照、电场、磁场、压力和环境等的作用而变化，从而形成光发电、电发光、光敏、磁敏、压敏等各种特性和效应的半导体材料或器件。

2. 多晶硅与单晶硅

多晶硅表面呈现灰色金属光泽，密度为 $2.32\sim2.34g/cm^3$，熔点为 $1410℃$，沸点高达 $2355℃$，不溶于水，也不溶于硝酸和盐酸，硬度介于锗和石英之间，室温下呈薄片状的硅极易脆裂，高温时则塑性很好，$1300℃$时易产生明显的变形。多晶硅常温下化学性能很稳定，不活泼，高温熔融状态下具有较大的化学活性，几乎能与任何材料反应，如与氧、氮、硫等反应，生成二氧化硅、氮化硅等，掺入磷、硼等元素可成为重要的优良半导体材料。

多晶硅是单质硅的一种形态。熔融的单质硅在过冷条件下凝固时，硅原子以金刚石晶格形态排列成许多晶核，如这些晶核长成晶格取向不同的许多晶粒，就成了多晶硅。多晶硅除可以直接制作电池片外，还是拉制单晶硅的原材料。

单晶硅也是单质硅的一种形态。熔融的单质硅在凝固时，硅原子以金刚石晶格形态排列成许多晶核，如这些晶核长成晶格取向相同的晶粒，便形成了单晶硅。单晶硅具有准金属的物理性质，有较弱的导电性，其电导率随温度的升高而增加，有显著的半导电性。超纯的单晶硅是本征半导体，在其中掺入微量元素硼可提高导电性能，形成 P 型硅半导体；掺入微量元素磷也可提高其导电性能，形成 N 型硅半导体。

3. 光伏系统效率

光伏系统效率（Performance Ratio，PR）是光伏行业的一个重要概念，它包括太阳电池及组件的老化衰减效率，交直流低压系统损耗及其他设备老化效率，逆变器转换效率，变压器及电网损耗效率。系统效率一般通过下列公式计算：

系统效率 PR ＝某时间段发电量 E/（光伏系统容量 P×某时间段峰值日照小时数）

影响系统效率的因素主要有：

光伏组件功率衰减平均每年 1% 左右，国家标准要求 20 年内功率衰减不大于 20%；光伏组串的串并联损耗在 0.5% 左右；灰尘及积雪遮挡平均损耗在 4%~5%；光伏组件温度系数损耗平均在 4% 左右；直流线缆连接损耗在 2% 左右；交流线缆连接损耗也在 2% 左右；光伏逆变器效率 97%~97.5%；升压变压器效率 98%。所以光伏发电系统总的效率一般在 80%~82%，而不是有些人认为的光伏组件的衰减效率或光伏逆变器的转换效率就是光伏发电系统的效率。

4. 光伏控制器三段式充电控制

在光伏发电系统中，光伏控制器的主要作用就是控制光伏组件或方阵向蓄电池充电的电流和电压，这个控制过程一般分为恒流快充、恒压补充（均衡）和浮充电三个阶段，在这三个阶段，充电电流和电压都会发生不同程度的变化，如图2-6所示，下面就介绍三个阶段的作用。

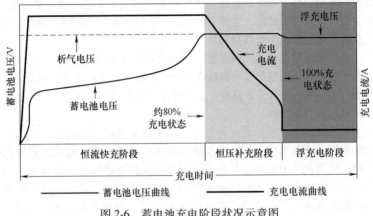

图2-6　蓄电池充电阶段状况示意图

1）恒流快充阶段。当蓄电池电压较低时，光伏组件或方阵会把尽可能多的电流注入蓄电池，但充电电流过大会损坏蓄电池。为了缩短充电时间，只能用蓄电池容许的最大充电电流进行恒流充电，恒流充电的过程就是通过不断调高充电电压来保持充电电流的不变，根据不同容量的蓄电池，充电电流一般为0.18~3C（C是电池的充放电倍率，1C表示该电池1h完全放电时的电流强度）。当2V单体蓄电池的端电压达到2.45V时（相当于额定电压12V的蓄电池充电到14.7V），充电转入下一个阶段。恒流快充阶段是蓄电池的主要充电阶段，蓄电池已经充入了80%以上的电量。

2）恒压补充阶段。当恒流充电阶段结束以后，充电电路保持充电电压恒定不变，开始对蓄电池进行小电流的补充充电。补充充电过程中，控制器要保持充电电压不变，因为充电电压过高会造成蓄电池过度失水和过度充电，电压过低又会导致蓄电池欠充电和电池极板硫化。有些控制电路，将充电时的平滑直流电改为脉冲电流充电，利用脉冲电流有间隔的短时间高电压大电流的充电特性，既改善了蓄电池的受电能力，又有极板除硫效果。在恒压充电过程中，电池端电压会渐渐升高，充电电流会越来越小，当充电电流下降到 0.5C 以下时，恒压补充过程结束，转入浮充电过程。恒压充电阶段就是对蓄电池的补充充电，这个阶段结束时，蓄电池已经基本充满了。

对通过串并联构成的蓄电池组来说，这一阶段也是各个蓄电池均衡充电的阶段。因为蓄电池组中的各个蓄电池性能参数总会有一些差异，通过恒压充电的过程，可以使蓄电池基本都达到最佳性能水平。

3) 浮充电阶段。浮充充电也叫涓流充电，它的作用是保持蓄电池的充满状态。浮充电阶段实际上也是恒压充电，只是充电电压比上一阶段偏低，充电电流较小。充电电压一般控制在 13.6～13.8V，充电电流比自放电电流略大，一般在 0.01～0.03C 之间。通过浮充电阶段，可以把蓄电池电量充到接近 100%，并保持不变。

5. 最大功率点跟踪（MPPT）控制

在一般电气设备中，如果使负载电阻等于供电系统的内电阻时，可以在负载上获得最大功率。由于太阳电池是一个极不稳定的供电电源，即输出功率是随着日照强弱、天气阴晴、温度高低等因素随时变化的，因此，就需要通过最大功率点跟踪控制技术和电路，来跟踪太阳电池发电功率输出的变化，并实时获得太阳电池的最大发电功率或最大发电功率附近的值。

目前，常采用的最大功率点控制方法是通过 DC/DC 变换器中的功率开关器件来控制太阳电池或方阵工作在最大功率点，从而实现最大功率跟踪控制。从图 2-7 所示太阳电池的输出功率特性 P-U 曲线可以看出，曲线最高点是太阳电池输出的最大功率点，曲线以最大功率点处为界，分为左右两侧。当太阳电池工作在最大功率点电压右边的 D 点，明显偏离最大功率点较远时，跟踪控制电路将自动调低太阳电池输出工作电压，使输出功率点由 D 点向 C 点偏移，输出功率增加；同理，当太阳电池工作在最大功率点电压左边的 A 点时，跟踪控制电路将自动调高太阳电池输出工作电压，使输出功率点由 A 点向 B 点偏移，使输出功率增加。

最大功率点跟踪控制过程实际上也是一个跟踪控制电路自寻优的过程，类似于"爬山法"。通过对光伏组件当前输出电压和电流的检测，得到当前光伏组件的输出功率，再与已存储的前一时刻光伏组件的输出功率做比较和调整，舍小取大，再检测，再比较，再调整，如此不停地周而复始，就可以使光伏组件动态地工作在最大功率点上。

较复杂的最大功率点跟踪控制方法还有扰动观察法、增量电导法等

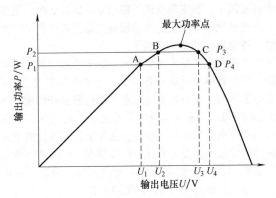

图 2-7　最大功率点跟踪控制示意图

经典控制算法，以及最优梯度法、模糊逻辑控制法、神经元网络控制法等现代控制算法。

6. 光伏组件的 PID 现象

PID（Potential Induced Degradation，电位诱发衰减）是在高压光伏系统中由于较高的接地电位而产生的光伏组件功率快速衰减现象，这种现象与光伏系统的规模和极性相关。具体地说，就是光伏组件长期在高电压作用下使得玻璃、封装材料之间存在漏电流，大量电荷聚集在电池片表面，使电池表面的钝化效果恶化，从而导致光伏组件的 FF、I_{sc}、V_{oc} 等指标降低，使组件性能低于设计标准，有的功率衰减甚至超过 40%。特别是近年来 1000～1500V 高电压系统的流行，更增加了高电位 PID 对光伏组件的影响。

对于 PID 的产生目前认为有很多因素，它们可被划分为环境因素、系统因素、组件因素和电池因素，目前整个行业还在进行各种测试且存在争议，对 PID 现象亦没有公认的统一的检测标准，对组件出现的 PID 现象，有可能是上述某种或多种因素共同导致的。

环境因素主要是指高湿度和高温度是导致 PID 现象的两个主要因素，研究表明，PID 在高湿度并伴随着高温度的环境下更容易发生，特别是相对湿度达到 60% 以上的情况下。

系统因素主要是指接地系统电源和逆变器类型可在极大的程度上影响系统产生 PID 的难易程度。

组件因素主要指组件的设计、所使用的面板玻璃和背板、EVA 等封装材料不同，也可能会增加 PID 现象的发生。

电池因素主要是电池片的减反射涂层和 PN 结的电阻率等也可能与 PID 的发生有关。

防范 PID 衰减的方法有：采用质量更好的组件封装材料，提高 EVA 胶膜的可靠性；升级光伏组件的生产制造工艺；在光伏发电系统设计施工中使光伏组件负极接地或者给光伏组件施加正向偏压。

7. 光伏农业与农业光伏

光伏农业与农业光伏尽管都是光伏发电与农业设施的结合，但含义确大不相同。

光伏农业以现有农业设施为基础，主要侧重光伏系统的投资和建设本身，几乎不考虑农业的需求，基本是光伏电站与传统农业设施的简单叠加。目前国内的主要表现形式有低支架光伏电站、固定式高支架或半高支架光伏电站或现有农业设施屋顶的利用等。

农业光伏是把农业作为重点，光伏仅仅是设施农业的附加或是农业富余阳光的再利用，是优先考虑土地中农业的需求，且光伏运行过程中能够满足农业对光照的适时需要。农业光伏作为一体化并网发电项目，将光伏发电、现代农业种植和养殖、高效设施农业相结合。一方面光伏发电系统可以利用农业用地直接低成本发电，另一方面可以根据作物生长的阳光需求，通过光伏跟踪系统对阳光照射量进行适时调节。

农业光伏系统将光伏组件及方阵、系统集成、智能控制技术、设施农业、农业种植等领域的最新技术、经验相结合，以构建现代健康生态的农业生产组织为核心，以农业光伏一体化并网发电站为平台，是新能源与新农业的互通互溶，是农业与光伏的精准结合，是我国未来新农村建设的重要方式。

8. 减排"二氧化碳"与减少"碳排放"

二氧化碳（CO_2）包含 1 个碳原子和 2 个氧原子，相对分子质量为 44（C 的相对原子质量为 12、O 的相对原子质量为 16）。1t 碳在氧气中燃烧后能产生大约 3.67t 二氧化碳（CO_2 的分子质量/C 的原子质量，44/12=3.67）。因此减排的"二氧化碳"量与减少的"碳排放"之间是可以转换的。

既减少 1t 的碳排放（液态碳或固态碳）就相当于减排二氧化碳 3.67t。

在日常生活中，每节约 1kW·h 电能，就相当于节约了 0.4kg 标准煤，同时相当于减少了 0.997kg 的二氧化碳排放。

2.2　光伏发电必备电工知识

2.2.1　电学基本知识

1. 直流电与交流电

直流电：直流电是电流的一种形式，电流由正极，经导线、负载，回到负极，通路中，电流的方向始终不变，所以我们将输出电流方向不变的电源，称为"直流电源"。用 DC 表示，如干电池、铅酸蓄电池及光伏组件发出的电等。

交流电：电流的方向、大小会随时间改变。发电厂的发电机是利用外动力使发电机中的转子励磁线圈运转，对于两极发电机，每转 180°发电机输出电流的方向就会变换一次，因此电流的大小也会随时间做规律性的变化，此种电源就称为"交流电源"，用 AC 表示。

另外，直流、交流仅仅是指电流的方向，与大小无关。直流电也可能是电流方向不变，但是大小一直在变的电流。

交流电可以通过整流器变成直流电（最简单的方法是用一只二极管半波整流就变成了直流电），直流电也可以通过振荡逆变电路变成交流电。

2. 电量

电量表示物体所带电荷数量的多少。电量是一个物理量，用符号 Q 表示，它的单位是库仑，用符号 C 表示。库仑是一个很大的单位，1C 的电量相当于物体失去或得到 $6.25×10^{18}$ 个电子所带的电量。一个电子的电量 $e=1.60×10^{-19}$C。任何带电粒子所带电量，或者等于电子或质子的电量，或者是它们的电量的整数倍，所以通常把 $1.60×10^{-19}$C 叫做基元电荷。

电量也可以指用电设备所需用电能的数量，这时又称为电能或电功。电能的单位是千瓦小时（kW·h）。这里的电量也分为有功电量和无功电量。无功电量的单位是千乏小时（kvar·h）。（kvar：无功功率的单位，即无功千伏安）。

3. 电压

电压，也称作电势差或电位差，是衡量单位电荷在静电场中由于电势不同所产生的能量差的物理量。电压的单位是伏特，简称伏，符号为 V，电压通常用符号 U 表示。其大小等于单位正电荷因受电场力作用从 A 点移动到 B 点所做的功，既 1V 等于对每 1C 的电荷做了 1J 的功，即 1V=1J/C。电压与电流相似，不但有大小，而且有方向。电压的方向规定为从高电位指向低电位的方向。对于负载来说，电流流入端为正端，电流流出端为负端，也就是说负载中电压的方向与电流的方向是一致的。对于直流电而言，有正极与负极，电压就是正极与负极之间的电位差。对于交流电而言，有相线与中性线（零线）之间的电压，有相线与相线之间的电压等。

常用的电压单位还有千伏（kV）、毫伏（mV）和微伏（μV），它们之间的换算关系是：1kV＝1000V，1V＝1000mV，1mV＝1000μV。

4. 电流

电流是指由于电势差造成的电荷的流动，电流的大小称为电流强度，是指单位时间内通过导体某一截面的电荷量。电流的单位是安培，简称安，符号为A，电流通常用符号 I 表示。当1库仑电量在1秒内流过某个给定点时，电流为1A，计算公式为 $I=Q/t$（其中 Q 为电荷量，单位为C；t 为时间，单位为s）。电流的方向不随时间的变化的叫做直流电流，电流的大小和方向随时间变化的叫交流电流。

在实际应用中，我们通常所说的电流方向是指正电荷的移动方向，即从正极端流向负极端，而电子的流动正好相反，是从负极端流向正极端，如图2-8所示，从负到正的电子流等于从正到负的正电荷流（工作电流）。

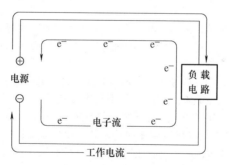

图2-8 电子流和工作电流的方向示意图

常用的电流单位还有千安（kA）、毫安（mA）和微安（μA），它们之间的换算关系是：1kA＝1000A，1A＝1000mA，1mA＝1000μA。

5. 电阻

载流导体对电流产生的一定量的阻碍作用，称为电阻，它限制了能够流过导体的电流量，导体的电阻越大，表示导体对电流的阻碍作用越大，如图2-9所示。不同的导体，电阻一般不同，电阻是导体本身的一种性质。电阻的符号为 R，单位是欧姆，简称欧，用希腊字母 Ω 表示。

如果导体两端的电压为1V，通过的电流为1A，则该导体的电阻就是1Ω。

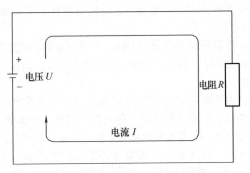

图2-9 电阻阻碍电流的流动示意图

在电子电路中，有一种叫电阻器的元器件，电阻器的主要物理特征是变电能为热能，也可说它是一个对电流呈现阻碍作用的耗能元件，人们往往也简称它为电阻。电阻是所有电子电路中使用最多的元件，电阻在电路中通常起分压分流的作用，对信号来说，交流与直流信号都可以通过电阻。

常用的电阻单位还有兆欧（MΩ）、千欧（kΩ）、毫欧（mΩ），它们之间的换算关系是：$1MΩ=1000kΩ$，$1kΩ=1000Ω$，$1mΩ=10^{-3}Ω$。

6. 欧姆定律

在同一电路中，导体中的电流跟导体两端的电压成正比，跟导体的电阻成反比，这就是欧姆定律。欧姆定律公式为 $I=U/R$ 及 $U=I×R$ 和 $R=U/I$。I、U、R 三个量是属于同一部分电路中同一时刻的电流强度、电压和电阻。其中：I 代表导体中的电流，单位是 A；U 代表导体两端的电压，单位是 V；R 代表导体的电阻，单位是 Ω。在这些公式中，给出任何两个已知参数，就可以计算出第三个未知参数。

欧姆定律在电路中的工作原理就像水流在管道中流动一样。电压（电势差）可以看作是作用于水的压力，电流可看作是水的流量，电阻则是管道的口径尺寸。如果管道一端的压力与另一端的压力不相同（即有电势差），则水会流向低压端。增大压力差（电压）将会增加水的流量（电流）。减小管道口径尺寸会抑制水流，就像增加电阻会抑制电流一样。

7. 电功率

电流在单位时间内通过用电器所做的功称为电功率，用符号 P 表示。电功率是电流做功快慢的物理量,是指电能传输的速率。

电功率的单位是瓦特,简称瓦,符号为 W。1W〔1 焦耳/秒（J/s）〕等于 1V 电压在移动 1C 电荷时 1s 内所做的功,由于 1C/s 是 1A,所以功率=电压×电流,即 $P=UI$。也就是说电功率等于用电器两端电压与通过用电器电流的乘积。

在纯电阻电路中,计算电功率还可以用公式 $P=I^2R$ 和 $P=U^2/R$。例如在光伏发电系统设计中过长的电缆计算时,由于电流流过电缆会有阻力,传输的电能会有一些被转化为热能而耗散,这个阻力就需要应用上述公式来计算。

常用的电功率单位还有毫瓦（mW）、千瓦（kW）、兆瓦（MW）、吉瓦（GW）等,它们之间的换算关系是:1W=1000mW,1000W=1kW,1MW=1000kW,1GW=1000MW。

8. 电能（电功）

电能是指在一定的时间内电路元件或设备吸收或发出的电能量。电能的常用单位是千瓦小时（kW·h）,俗称为"度"。1kW·h 即是 1 度,它表示功率为 1kW 的用电设备或发电设备 1h 所消耗或产生的电能,即 1kW·h=1kW×1h。在物理学中,更常用的能量单位是焦耳,简称焦,符号是 J。它们的关系是:1kW·h=3.6×10⁶J。

日常生活中使用的电能,主要来自其他形式能量的转换,包括水能（水力发电）、热能（火力发电）、原子能（核电）、风能（风力发电）、化学能（电池）及光能（光电池、太阳电池）等。

电能也可转换成其他所需能量形式,如热能、光能、动能、机械能和化学能等。

9. 频率

交流电电流方向变化的快慢叫频率,是电流大小和方向随时间作周期性变化,也就是交流电波形每秒的循环次数,频率的单位是赫兹（Hz）。在我国交流电网的常用频率为 50Hz,即电流按正弦波形大小和方向每秒要周期性变化 50 次。

10. 谐波失真度

谐波失真度是对交流电电能质量好坏的衡量。谐波电流会在一定程度上掺杂或叠加在交流正弦波信号中,使正弦波扭曲或出现尖峰。在光伏发电逆变器中,评判所输出的交流电能质量好坏的指标之一就是谐波失真度,谐波失真度越小,逆变器的输出性能就越好。

11. 有功功率、无功功率和视在功率

交流电的有功功率也被称为有效功率和真实功率,计量单位为瓦

特，简称瓦，符号为 W。有功功率是交流功率的"有用"成分，是实实在在做功的部分，是保持用电设备正常运行所需的电功率，例如驱动电动机旋转或点亮灯泡照明等。

无功功率是交流功率的"无功"成分，计量单位为乏，符号为var。无功功率虽然没有确实"做功"，但无功功率绝不是无用功率，它的用处还很大，需要用来维持系统的电压，事实上促进了有功功率通过交流电路的传输。另外，无功功率还可以向电动机转子提供建立和维持旋转的磁场功率，建立变压器的一次绕组磁场功率等用途。

视在功率是在正弦交流电电路中电压有效值与电流有效值的乘积，即 $S=UI$，是有功功率和无功功率的相量和。视在功率的计量单位为伏安，符号为 V·A。视在功率不表示交流电路实际消耗的功率，只表示电路可能提供的最大功率或电路可能消耗的最大有功功率。

以一辆冷藏车为例，冷藏车发动机功率为 180kW，车上的冷冻系统要消耗发动机 40kW 的功率用来制冷。因此发动机只有 140kW 的剩余功率来拉货。这个 180kW 的发动机功率，就相当于视在功率，用来拉货的 140kW 功率，就是有功功率，另外的 40kW 功率虽然没有拉货，但为了起到冷冻作用而必须存在，有它才是冷藏车，这部分功率对于拉货来说就相当于无功功率。

12. 功率因数

功率因数是电力系统的一个重要的技术数据，是衡量电能质量和电气设备效率高低的一个系数。在交流电路中，电压与电流之间的相位差（ϕ）的余弦叫做功率因数，用符号 cosϕ 表示，在数值上，功率因数是有功功率和视在功率的比值，即 $\cos\phi = P/S$。功率因数的大小实际就是电压和电流正弦波相位彼此不同步的程度，相位越不同步，功率因数越小，输送给负载的有功功率就减少。功率因数低，说明电路用于交变磁场转换的无功功率大，从而降低了设备的利用率，增加了线路供电损失。

功率因数的大小与电路的负荷性质也有关，纯电阻性负载电路如白炽灯泡、电热器等的功率因数为 1，具有电感性负载电路如电动机、变压器、大多数家用电器的功率因数都小于 1。

2.2.2 电路基本知识

1. 电路

电路就是电流流过的回路，又称导电回路。最简单的电路，是由电源、用电器（负载）、导线、开关等元器件组成。电路导通叫做通路，只有通路，电路中才有电流通过；电路某一处断开叫做断路或者开路；

如果电路中电源正负极间没有负载而是直接接通叫做短路，这种情况是决不允许的。另有一种短路是指某个元件的两端直接接通，此时电流会从直接接通处流过而不会经过该元件，这种情况叫做该元件短路。开路（或断路）是允许的，而第一种短路决不允许，因为电源的短路会导致电源甚至用电器的损坏。

2. 串联电路

串联电路是指在电路中，将所有各个元件，或各个电器，或各个电源等被导线逐次连接起来的电路，如图2-10所示。

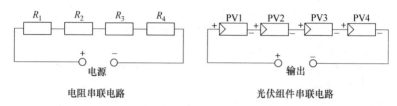

电阻串联电路　　　　　　　光伏组件串联电路

图2-10　串联电路示意图

串联电路有下列特点：

1）串联电路电流处处相等：$I_{总}=I_1=I_2=I_3=\cdots=I_n$。

2）串联电路总电压等于各个端电压之和：$U_{总}=U_1+U_2+U_3+\cdots+U_n$。

3）串联电路的等效电阻等于各电阻之和：$R_{总}=R_1+R_2+R_3+\cdots+R_n$。

4）串联电路总功率等于各功率之和：$P_{总}=P_1+P_2+P_3+\cdots+P_n$。

在光伏发电系统中，串联就是把一块组件的正极与下一块组件的负极连接起来，少则两块，多则几十块，串联成一个组件串。串联时电压相加，电流不变。这个组件串的输出电压和输出功率分别是各个组件输出电压和输出功率的总和，总的输出电流等于单块组件的工作电流。

3. 并联电路

并联电路是指在电路中，将所有各个元件，或各个电器，或各个电源等的输入端和输出端分别被连接在一起，如图2-11所示。

并联电路有下列特点：

1）并联电路中各个支路两端的电压相等：$U_{总}=U_1=U_2=U_3=\cdots=U_n$。

2）并联电路中的总电流等于各支路电流之和：$I_{总}=I_1+I_2+I_3+\cdots+I_n$。

3）并联电路的总电阻（或等效电阻）的倒数等于各并联电阻的倒数之和：$1/R_{总}=1/R_1+1/R_2+1/R_3+\cdots+1/R_n$。

4）并联电路的总功率等于各功率之和：$P_{总}=P_1+P_2+P_3+\cdots+P_n$。

串联和并联的区别：若电路中的各元件是逐个顺次连接起来的，则

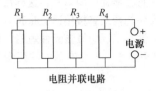 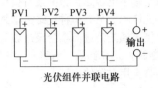

图 2-11 并联电路示意图

电路为串联电路，若各元件"首首相接，尾尾相连"并列地连在电路两点之间，则电路就是并联电路。无论是电源还是电阻，有一个共同的特点，就是串联的时候各串联单元电流相等，电压相加，并联时各并联单元电压相等，电流相加。

在光伏发电中，并联就是把一块（或一串）组件的正极与下一块（或一串）组件的正极连接起来，各组件（或组串）的负极连线也都连在一起，少则两块（串），多则十几块（串），并联成一个组件方阵。并联时电压不变，但电流值是相加的。这个组件串或方阵的输出电流和输出功率分别是各个组件输出电流和输出功率的总和，总的输出电压是并联单支路组件（串）的工作电压。

4. 串并联电路

串并联电路也叫混联电路，是由串联电路和并联电路组合在一起的特殊电路。

电阻混联电路的主要特征就是串联分压，并联分流。

光伏组件混联电路的主要特征是，串联增加了发电输出电压，并联增加了发电输出电流。通过串并联混合连接而达到系统所需的电压和电流。

2.2.3 常用仪器仪表

"工欲善其事，必先利其器"，在光伏发电系统的安装、检测和运维过程中，会常用到一些仪器仪表设备，了解和熟练使用这些仪器仪表设备，对保证工作质量和提高工作效率都大有裨益。

1. 万用表

万用表是电工日常工作中常用的仪表，其基本功能可以测量交流电压、直流电压和电流、电路电阻等，有些还可以测量交流电流以及二极管、晶体管、电容器等电子元器件的参数，外观如图 2-12 所示，左边的是数字万用表，右边的是指针式万用表。下面主要以数字万用表为例，介绍万用表的使用方法。

图 2-12　万用表的外观

（1）使用注意事项

1）使用前认真阅读使用说明书，熟悉电源开关、量程开关及档位、插孔、特殊插口的作用。

2）接通电源开关，观察液晶显示屏是否正常，电量是否充足，如电量不足则应先更换电池。

3）使用时要根据被测量对象的种类、大小，选择合适的档位、量程及表笔插孔，要仔细检查表笔正负极是否插反或插错孔位。

4）在对被测量对象的数据大小不明时，则应先将量程开关拨至相应量程最大档，然后从大量程往小量程档切换。

5）测量中改变量程时，表针应与被测量点断开，不得带电切换档位开关，也不能带电测量在路电阻。

6）测量中要注意人身和仪表设备的安全，不得用手触摸表笔金属部分，以确保测量准确，避免触电或烧毁仪表。

7）数字万用表的红表笔接内部电池正极，黑表笔接内部电池负极，与指针式万用表正好相反。因此，测量晶体管、电解电容器等有极性的元器件时，必须注意表笔的极性。

8）测量完毕时，应随手关闭电源开关。

（2）使用方法

1）交、直流电压的测量：根据需要将量程开关拨至 V-（直流）或 V~（交流）的合适量程，红表笔插入 V/Ω 孔，黑表笔插入 COM 孔，并将万用表表笔与被测电路并联即可测量。

2）交、直流电流的测量：将量程开关拨至 A-（直流）或 A~（交流）的合适量程，红表笔插入 mA 孔（<200mA 时）或 10A 孔（>200mA 时），黑表笔插入 COM 孔，并将万用表表笔串联在被测电路中即可测量。测量直流电时，数字万用表可以自动显示极性。

3）电阻的测量：将量程开关拨至 Ω 的合适量程，红表笔插入 V/Ω 孔，黑表笔插入 COM 孔。如果被测电阻值超出所选择量程的最大值，万用表将显示"1"，这时应选择更大的量程。

2. 钳形电流表

钳形电流表是集电流互感器与电流表于一身的仪表，其工作原理与通过电流互感器测量交流电流是一样的。钳形电流表测量电流非常方便，不用对电线进行任何拆装，其外观如图 2-13 所示。当捏紧钳形电流表的扳手时，电流互感器的铁心张开，把被测电流的电线穿过张开的钳口，放松扳手后铁心闭合，铁心闭合后，穿过铁心的电线就成了电流互感器的一次线圈，电线中的交流电流在二次线圈中产生感应电流，通过二次线圈相连接的电流表测出被测线路的电流并显示在液晶屏上。

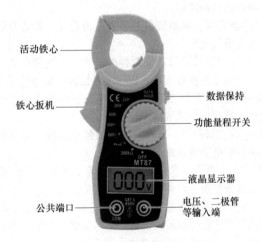

图 2-13　钳形电流表外观

（1）使用注意事项

1）钳形电流表在进行量程转换时，不允许带电进行操作。

2）测量高压线路的电流时，要做好防护措施。

3）测量结束后，除了要及时关掉电源开关外，还要把量程开关拨到最大量程档，以免下次使用时不慎过流。

4）不要使用小电流档去测量大电流，以防损坏仪表。被测线路电压不能超过钳形电流表上标注的耐电压数值，否则有触电危险。

（2）使用方法

1）使用钳形电流表前应仔细阅读说明书，弄清该电流表是交流还是交直流两用的。检查电量是否充足，状态是否正常。

2）钳形电流表钳口在测量时闭合要紧密，闭合后如有杂音可打开钳口重合一次，若杂音仍不能消除时，应检查钳口结合面上是否有尘污碎屑，并进行清理。

3）钳形电流表每次只能测量一根导线的电流，被测导线应置于钳形窗口中央，不可以同时将多根导线都夹入钳口测量。

4）使用时要正确选择交流档还是直流档。测量前先估计被测电流的范围，选择合适的量程进行测量。若无法估计，可先用较大量程档，然后逐渐换较小的量程进行测量，以便准确读出被测量的数值。

5）观测钳形电流表的测量数据时，要特别注意保持头部与被测设备带电部分的安全距离，人体任何部分与带电体的距离不得小于钳形电流表的整个长度尺寸。

6）除了老式指针钳型电流表外，现在的钳形电流表也具有了万用表的所有功能。

3. 绝缘电阻表和测试仪

绝缘电阻表又称兆欧表，手摇发电的还俗称摇表（如图 2-14a 所示），是用于测量最大电阻值、绝缘电阻等的专用仪表。绝缘电阻表主要由高电压发生器、测量回路和显示装置三部分组成。绝缘电阻测试仪是数显式的绝缘电阻表，外观如图 2-14b 所示。

a) 手摇指针式绝缘电阻表   b) 数显式绝缘电阻测试仪

图 2-14 绝缘电阻表和测试仪外观

绝缘电阻表在工作时，自身要产生高电压，而测量对象又是电气设备，所以必须正确使用，否则将会造成人身或设备事故。

(1) 使用注意事项

1) 测量前必须把被测设备、电路的电源切断，并对地短路放电，决不允许设备带电进行测量，以保证人身和设备的安全。

2) 对可能感应出高压电的设备，必须采取相应的安全措施，才能进行测量。

3) 被测物表面要去掉绝缘层，保持清洁，减少接触电阻，确保测量结果的准确。

(2) 使用方法（以绝缘电阻表为例）

1) 绝缘电阻表使用时应放在平稳、牢固的地方，保持水平状态，远离大的外电流导体和外磁场。

2) 测量时要先找对绝缘电阻表上的三个接线端 L（线路测试端）、E（接地端）和 G（防护屏蔽端），测量绝缘电阻时，一般只用到 L 和 E 端. 其中 L 端接在被测设备或线缆与地绝缘的导体部分，E 端接被设备或线缆的外壳或地端。当测量带屏蔽层线缆的对地绝缘电阻或漏电流较严重的设备时，一般将 G 端接屏蔽层或被测设备外壳。

接线端引出的测量软线要绝缘良好，两根导线之间及导线与地之间应保持适当距离，以免影响测量精度。

3) 进行测量前，要先对绝缘电阻表进行一次开路和短路试验，检查仪表是否良好。方法是，平稳放置仪表，L 端与 E 端断开，摇动摇柄到额定转速（120r/min）时，指针应该逐渐指向表盘刻度无穷大"∞"位置。将 L 端和 E 端短接，缓慢摇动摇柄，指针应很快指向"0"刻度位置。如指针不能指到该指的位置，表明仪表有故障. 应检修后再用。

4) 测量时把 L 端接被测设备导体，E 端接设备外壳地端，按顺时针方向摇动摇柄到匀速 120r/min 时，保持匀速转动，保持 30~60s，并且要边摇边读数. 不能停下来读数，此时读取的数值就是被测对象的绝缘电阻值。

5) 在正常测量过程中，不能用手接触绝缘电阻表的接线端和被测回路，以防触电。摇动摇柄应由慢渐快，若发现指针指"0"说明被测绝缘物可能发生了短路，这时就不能继续摇动手柄，同样，测量中也不能将各接线端之间瞬间或长时间短接，以防表头中指针线圈过热、游丝变形损坏。需要注意的是，关于短接测试与正常测试过程中端子短接，二者的主要区别除了短接测试时不能长时间短接外，还有摇柄转数的区别。在实际应用中，仪表测试时一般摇柄轻轻转半圈，表针就指向"0"。而在正常测试转速下，短接测试端子，会对表针、线圈、游丝造成很大冲击,使表头损坏。所以短接测试一定是缓慢摇动。

6)测量完毕或需要重复测量时,必须将电力电缆接地放电1~2min。

4. 接地电阻测试摇表与测试仪

接地电阻测试摇表与接地电阻测试仪都是检验测量接地电阻的常用仪表,也是电气安全检查与接地工程竣工验收不可缺少的工具,这两个仪表的外观如图2-15所示。

接地电阻测试摇表由手摇发电机、电流互感器、滑线电阻及检流计等组成。适用于测量电气设备、避雷针等接地装置的接地电阻值,还可以测量低电阻导体的阻值及土壤的电阻率。

a) ZC-B型接地电阻测试摇表　b) ZC-8型接地电阻测试摇表　　c) 接地电阻测试仪

图2-15　接地电阻测试摇表与测试仪外观

接地电阻测试仪是摒弃了传统的人工手摇发电工作方式,采用先进的大规模集成电路,应用DC/AC变换技术将三端钮、四端钮测量方式合并为一种机型的新型数字接地电阻测试仪。适用于测量各种装置的接地电阻以及测量低电阻的导体电阻值,还可测量土壤电阻率及地电压等。功能更全、准确度更高、操作更方便。其工作原理为由机内DC/AC变换器将直流电变为低频恒流的交流电,经过辅助接地极C和被测物E组成回路,在被测物上产生交流电压降,经辅助接地极P送入交流放大器放大,再经过检测送入显示屏显示。不同量程的测试仪借助倍率开关可得到0~2Ω、0~20Ω、0~200Ω或0~10Ω、0~100Ω、0~1000Ω等不同的测量范围。

光伏系统一般要求光伏组件边框、支架等接地电阻小于4Ω,交流侧接地电阻小于10Ω。

(1)使用注意事项

1)使用前要认真阅读接地电阻测试仪的使用说明书,全面了解仪器的结构、性能及使用方法。

2)备齐测量时所必需的工具及全部仪器附件,并将仪器和接地探针擦拭干净，特别是接地探针和接地体连接测试部位，一定要将其表面影响导电能力的污垢及锈渍清理干净。

3）将接地干线与接地体的连接点或接地干线上所有接地支线的连接点断开，使接地体脱离任何连接关系成为独立体。

4）禁止在有雷电或被测物带电时进行测量。

5）仪表携带、使用时须小心轻放、避免剧烈振动。

（2）使用方法（以 ZC-B 型接地电阻测试摇表为例）

1）仪表接线端接线应正确无误。

2）仪表置于水平后，调整检流计的机械零位。

3）安装辅助探针及测试导线。C 端电流探针距接地装置 40m，P 端电位探针距接地装置 20m，两个探针要处于接地极同一侧、同一直线上。将相应的连接导线接好，如图 2-16 所示。

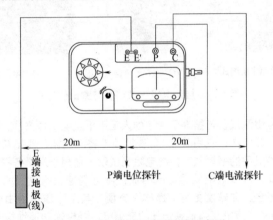

图 2-16　接地电阻测试连接示意图

4）将接地体与接地线分开，把接地体打磨干净。E、E′端测试导线与接地极连接。

5）将"倍率开关"调至最大倍率。缓慢顺时针摇动摇柄，同时旋转刻度盘，使检流计指针指向"0"；逐渐加快摇柄的转速，使其达到 150r/min，当检流计指针向某一方向偏转时，再转动刻度盘，使检流计指针指在"0"点，此时刻度盘上▼所指的数字乘以倍率开关所指的倍率数，所得即为被测电阻值。

6）如刻度盘读数小于 1 时，仍未取得平衡，可将倍率开关置于小一档的倍率，直到调节到完全平衡为止。

7）测试中若发现仪表检流计指针有抖动现象时，可变化摇柄转速，以消除抖动现象。

8）若仪表检流计灵敏度过低时，可在探棒周围注清水或盐水以湿润。

5. 手持式红外热成像仪

红外热成像仪就是将物体发出的不可见红外能量转变为可见的热图像。热图像上面的不同颜色代表被测物体不同部位的不同温度。红外热成像仪通过有颜色的图片来显示被测物体表面的温度分布，并通过温度的微小差异找出温度的异常点，根据被测物体的构造和特性进行分析，发现并诊断问题。红外热成像仪的外观如图 2-17 所示。

图 2-17　红外热成像仪外观

红外热成像仪使用方法：

1）开启热像仪电源，使用功能表设定热像仪的红外融合水平、调色板、检视温度范围、背光等参数（机型不同，设定内容和参数有差异）。

2）将红外热像仪对准要拍摄测量的物体，一般拍摄距离根据物体大小不同在 0.4~2m 之间为好，距离不要太远。

3）在自动聚焦的基础上手动调整摄像头焦距，直到显示屏上显示的图像最清晰，可以使画面数据更准确。

4）热像仪镜头不要用手或硬物触碰，不能用水清洗，使用后要关上保护盖。

5）拍摄图像时还要注意正确选择测温范围，优先设定自动调整测温范围。手动调整温度范围太高或太低都不利于读取温度。

第3章

分布式光伏电站的
前期选址与项目申报

分布式光伏电站在设计和施工建设前需要进行一些前期的准备和考察工作，这些工作包括光伏电站项目地址的选择，项目现场的调查与踏勘，项目相关资料的收集整理，项目前期的可行性分析和申报等。

选择分布式光伏电站项目建设地址应根据国家可再生能源中长期发展规划和地区经济发展规划要求，结合项目建设当地自然条件、气候条件、接入电网条件、交通运输状况及周边规划与设施建设等因素综合考虑。

3.1 站址踏勘与选择

随着光伏产业政策的推动，分布式光伏电站的建设正处于热火朝天、方兴未艾的状态。适合建设光伏电站的土地和屋顶资源也越来越少，光伏电站的选址工作也越来越受到重视。下面将讲述光伏电站站址踏勘与选择的工作步骤和工作内容。

光伏电站建设项目的站址踏勘，是为了查明准备建设地点的各种相关因素和条件而进行的沟通、询问、调查、观察、勘察、测量、测试、测绘、鉴定、研究和综合评价的工作。其目的是为光伏电站建设的站址选择和工程设计与施工提供科学、可靠的依据和基础资料。站址踏勘工作的深度和质量是否符合有关技术标准的要求，站址选择得是否合适，对光伏电站工程建设的质量和成本有直接影响，在光伏电站规划设计建设的整个过程中，必须坚持先踏勘、后设计、再施工的原则。没有符合要求的站址踏勘数据资料，就不能确定具体站址区域或位置，更不能进行设计和施工。

3.1.1 站址踏勘的步骤与内容

(1) 准备阶段

从开始工作到进行现场踏勘之前为准备阶段，这一阶段的主要工作是收集已有资料，了解相关政策，与业主进行沟通，准备踏勘用具，制定踏勘提纲等。

除屋顶式光伏电站外，地面类光伏电站的场址一般都在相对偏远的地方，去一趟现场往往比较耗费时间和人力，因此，在去现场之前一定要把准备工作做好。

首先要与业主进行简单沟通，了解业主之前做了哪些工作，业主的要求和想法，并了解几个问题：①项目场址的具体地点，最好能有经纬度；②场址面积大概多大，计划做多大规模；③场址的大概地形地貌和水文地质条件；④场址附近是否有可接入的升压变电站，多大电压等级，有无间隔等。

其次要了解当地政府在站址附近的建设规划和对光伏发电项目有没有相应的鼓励和补贴政策。所在地是否有建成的光伏电站项目，收益如何，是否有在建的项目，进展到什么程度等。

如果可以的话，最好能做一个室内的宏观选址。如果业主能提供项目地点的经纬度，可利用卫星图片地图软件，看一下周边的地形地貌，对场址情况做到大概心里有数。再利用当地的太阳能资源数据，计算出拟建规模的发电量，并按大致的投资水平估算一下项目的收益情况通报业主。

最后，要准备踏勘设备、工具和软硬件。如手持 GPS 设备、装有卫星图片地图软件、高斯坐标转换软件和 CAD 的笔记本电脑、照相机等。

（2）现场踏勘阶段

由业主、建设方、设计方相关人员组成踏勘小组，进行现场勘察。主要工作是现场调查、绘制草图、实景拍照、点位勘察测试、大致范围确定等。

屋顶电站和平坦地面电站的现场踏勘相对比较简单，在此主要介绍山地场址现场踏勘需要注意的几个问题：①观察山体的山势走向，是南北走向还是东西走向？山体应是东西走向，必须有向南的坡度。另外，周围有其他山体遮挡的不考虑。可以按两个山体距离高于山体高度 3 倍以上来粗略估计。②山体坡度大于 25° 的一般不考虑。山体坡度太大，后续的施工难度会很大，施工机械很难爬上山作业，土建工作难度也大，项目造价会大大提高。另外，未来的维护（清洗、检修）难度也会大大增加。同时，在这样坡度的山体上开展大面积的土方开发（如挖电缆沟等），可能水土保持审批就过不了。③目测基本地质条件。虽然准确的地质条件要做地质勘探，但基本地质条件可以大概目测一下，最好目测有一定厚度的土层。也可以从一些断层或被开挖的断面，看一下土层到底有多厚，土层下面是什么情况。如果目测到土层半米以下是坚硬的石头，那将来基础的工作量就会特别大。有些情况是肉眼就可以看到的，比如有大块裸露岩石的地面一般不能用，否则平整工作量太大。

上述几个问题解决后，用 GPS 设备围着现场几个边界点打几个点，基本圈定站址范围。同时，要从各角度看一下站址内的地质情况。因为光伏站址需要面积很大，从一个边界点根本看不了全貌，很可能会忽略很多重要因素而给以后的建设施工造成麻烦。这些重要因素包括：沟壑、坟头、农民自己开荒的地、一两间快倒塌的小房子、羊圈和牛圈等。

(3) 后续确认阶段

这一阶段主要是确定经济合理的站址方案。要以拟建电站的主要要求及技术参数为依据，进行资料分析、确定站址可用土地位置、面积和地形图、确定并网接入方案、确定运输路线、编制工程踏勘图表或踏勘结论报告等。

对于地理环境、地质条件比较复杂的位置，站址踏勘可能需要多次反复进行。

①确定站址面积。将现场打的点在卫星图片地图软件上大致落一下，看一下这个范围内及其周围的卫星照片，同时测一下面积，大概估算一下可以做的容量。一般每 1MW 占地面积为 10000 ~ 13000m^2 (15~20 亩)，山地面积利用率更低，占地面积更大，每 1MW 占地面积甚至达到 24000~30000m^2 (40~45 亩)。②确定可以接入的变电站。根据站址面积大致估计出规模以后，就要考虑用多高的电压等级送出。要调查一下，距离项目站址最近的升压变电站的电压等级、容量，最好能调查到该变电站的电气资料，确定一下是否有剩余容量可以使用。如果可以接入，要考察一下站址与变电站之间的距离以及输送线路，在输送路线中是否有铁路、高速公路、水库等影响线路输送的情况。输电线路的造价也很高，如果项目规模不大，送出距离又远，那投资收益率就可能很不理想。③确定站址范围土地性质。上述工作都做好以后，就要去当地自然资源局或国土和林业管理部门查一下站址范围的土地性质。这项调查是非常必要的，因为往往一块看中的站址土地哪里都好，土地性质很可能不合适。很多时候，往往看着是荒地，但在地类图里面是农田或者包含有农田。看着没有树，在地类图里面却是林地。如果调查不清楚盲目开展后续工作，会造成很多无效劳动和人力物力浪费。

除了确定土地性质，最好还要和当地政府了解一下站址周边是否有建设规划，将来对电站是否造成影响。

下面是站址踏勘中容易遇到的几个问题：①站址实际可利用面积太小。在站址踏勘过程中，站在山头，遥望远方，看着好像一大片地都能用，但经过深入踏勘，打坐标点，实际一算，往往可利用面积确很小，这是最容易遇到的一个问题。②地形地势不对。有句话叫"只缘身在此山中"。当置身山脚下时，虽然能看得清山体大致的走向，但是无法看清山体的全貌的，实际上只能看清一小部分。因此，很多时候，觉得这个山坡就是朝南的，但是用卫星图片地图软件鸟瞰一下，却发现大部分是东南、西南方向，甚至有基本朝东或朝西的。另外，用卫星图片地图软件也可以看清整地的地貌，对宏观选址是非常有用的。另外，有时候还需要在整个打点范围看一圈，看看是不是山外有山。如果山外有山，就很容易造成山体的遮挡。③不合适的丘陵地。一些小丘陵地，看似很平缓了，实际全是一个个小山包，有的山包之间甚有大沟。如果有一个5°的北向倾角，那阵列间距就要增加50%以上。因此，光伏电站项目只能用向南的山坡，最多再用一下坡度不大的、向东或者向西的山坡。如果全是一个个小山包，那光伏方阵就太分散，一分散，所有的投资都要增加。所以，建设光伏电站的场地，最好是连绵成片的山体。

3.1.2　屋顶电站的站址考察

随着分布式光伏发电市场的撬动，产权明晰的优质屋顶逐渐成了稀缺资源，越来越多的实体工商企业也开始重视自己的屋顶资源。分布式屋顶光伏电站建设不同于地面电站，前期不需要办理土地、规划等手续，但分布式屋顶电站也有其自有的特点，如何充分的利用可用屋顶，在有限的空间内实现容量、发电量、收益率的最大化，就需要认真做好前期考察，通过实地勘察、收集屋顶相关资料，为后续的方案设计及投资收益分析做基础准备。对屋顶电站的勘察主要有以下几个方面，如厂房建设年限、屋顶荷载、屋面状况、电网接入距离、用电负荷、合作模式等。

现场勘察要携带的工具有激光测距仪、水平仪、指南针或手机指南针APP、10m以上钢卷尺和记录本、笔等。

1. 屋顶情况

1）要考察屋顶产权的明晰性和业主长期稳定的存续性，还要考察屋顶的设计使用寿命年限等。工厂类企业屋顶还要考察厂房的使用功能。

优先选择企业实力较强或行业发展前景好的业主进行合作，尽量避开有腐蚀性、油污气体及烟尘排放的屋顶建设，绝对不在火灾危险等级为甲、乙类的厂房、仓库等屋顶建设。

临时性的建筑物、构筑物一般都不能考虑建设光伏电站。使用寿命已经超过 10 年以上，并且屋顶彩钢板锈蚀严重或者防水层破坏、漏水的屋顶也应该谨慎选择。

另外，要询问和调查在准备安装光伏系统的屋顶周围特别是南面是否有高层楼建设规划。

2）屋顶面积。屋顶面积直接决定光伏发电项目的容量，是最基础的元素，屋顶上是否存在附属物，如风楼、风机、电梯房、女儿墙、广告牌等，设计时需要避开阴影影响。

3）屋顶朝向和角度。屋顶朝向决定着光伏支架、光伏组件、光伏方阵及汇流箱等的布置原则，比如东西走向的屋面，背阴面的方阵是否需要设置倾角，组件串联时阴阳两面尽量避免互连，汇流箱及逆变器直流输入尽量为同一屋面朝向的方阵。屋顶倾斜角度可以通过测量屋面宽度和房屋宽度进行计算。

4）屋顶类型。屋顶类型一般分为彩钢板、瓦片、混凝土屋顶等，其中彩钢板屋顶分为直立锁边型、咬口型（角驰式，龙骨呈菱形）、卡扣型（暗扣式）、固定件连接（明钉式，梯形凸起）型。前两种一般都有专用转接件，后两种需要在屋顶打孔固定。

瓦片屋顶也需要使用专用支架挂钩件与屋顶支撑件固定。勘察时要对瓦片尺寸和厚度进行测量，便于决定支架系统挂钩等零件尺寸的选取。要掀开部分瓦片查看屋顶结构，注意测量记录主梁、檩条的尺寸和间距，便于确定支架挂钩的固定位置。因为瓦房顶组件支架系统的挂钩一般都是安装固定在檩条上的。

混凝土屋顶一般需要制作支架基础，基础与屋顶可以做成配重块形式加钢拉索结构，如风力过大地区可以考虑部分基础与屋顶采用植筋连接或结构胶连接等浇筑连接，并做好屋顶破坏面的防水处理。采用什么形式主要考虑屋顶的抗风载能力及屋顶设计荷载等因素。

5）屋顶防水。如果屋顶有渗漏现象，应在施工前先对屋顶做防水处理。

6）屋顶荷载。屋顶荷载可分为永久荷载和可变荷载。永久荷载也称恒荷载，主要是指屋顶结构的自重荷载。在项目前期考察时，需要着重查看建筑设计说明中恒荷载的设计值，或通过业主获取房屋结构图纸资料进行计算，并落实除屋顶自重外，是否额外增加其他荷载，如管道、吊置设备、屋顶附属物等，并落实恒荷载是否有余量能够安装光伏电站。光伏电站安装在屋顶后，需要运营 25 年，屋顶荷载是需要重点了解和确认的内容。混凝土屋顶的荷载一般都在 $200kg/m^2$，基本都能满足光伏系统的荷载要求。

可变荷载是考虑极限状况下暂时施加于屋顶的荷载，分为风荷载、雪荷载、地震荷载、活荷载等，是不可以占用的。特殊情况下，可变荷载可以作为分担光伏电站荷载的选项，但不可以占用过多，需要做具体分析。如果荷载确实不够，需要考虑屋顶的加固。

2. 建筑间距及配电并网设施

在同一个建设区域内，建筑数量越多，间距越大，意味着电气设施如电缆、逆变器、变压器等的投资要增加，要评估和考虑投资收益。

区域内现有的配电设施及高压输电线路是光伏电站选择并网方案的根据之一，主要考察内容有：区域内电力变压器容量、电压比、数量、母联、负荷比例等；区域内计量表位置、配电柜数量、母排规格、开关型号等。区域内是否有独立的配电室，配电室有没有多余的空间，如没有，是否有空余房间或空地安装新增加的变配电设备。考察时优先选择现有变压器总容量大，负荷比例大的用户。

对于小型屋顶系统用户，要重点查看进户电源是单相还是三相，单相输出的光伏发电系统宜接入到三相中用电量较多的一相上。条件允许时最好用三相逆变器或三个单相逆变器并网。查看业主的进线总开关的容量，光伏发电系统的输出电流不宜大于户用开关的容量。另外在铺设线路方便节约的前提下，确定逆变器和并网配电柜的安装位置，并要考虑通风散热和防雨防晒问题。

3. 业主用电消纳情况

分布式光伏发电项目以自发自用、余电上网为核心，鼓励就地消纳。对业主来说，在现行补贴已经很少的政策下，自发自用量越大，收益越大。因此需要考察业主建设区域的用电量及用电价格。例如，区域内每月、每日的平均用电量，白天用电量、用电高峰时段及比例。区域内的用电价格，白天用电加权价格或峰谷用电时间分布等，作为光伏系统安装容量的参考。

4. 开发建设模式

开发建设模式主要是根据上述考察内容信息，以及与屋顶业主商谈的结果，确定电站项目开发建设的具体合作方式。目前主流的开发模式主要有屋顶租赁模式、电价优惠供应模式、合资合作模式等，要通过综合考虑投资收益及业主意愿进行确定。

另外，与分布式地面电站类似，除考察上述因素外，还应考察电站建设期间设备采购运输成本、当地人工成本、运营维护难度、建设区域周边社情等。

总之，光伏电站是需要长期运营的项目，项目前期开发要从长远利益考虑，需要顾及方方面面关系和项目后期运营收益的各种因素，需要把工作做到最细致处，通过数据采集，最后实现量化分析，最终确定项目是否可行。

3.2 如何申报分布式光伏发电项目

分布式光伏发电项目因装机容量小，投资规模小，并网等级低等特点，不仅具有较大的应用市场，其申报审批手续办理也相对简单。分布式光伏发电项目也分为多种类型，其手续办理过程也有所区别。特别是国家能源局发布的相关文件，对分布式光伏发电项目做了更细致的区分，同时规定对屋顶分布式光伏发电项目及全部自发自用的地面分布式光伏发电项目不限制建设规模，各市发改部门随时受理项目备案，电网企业及时办理并网手续。

3.2.1 分布式光伏发电项目申报流程及资料

分布式光伏发电项目并网申报的基本流程如图 3-1 所示，主要体现在投资主体的不同，分为自然人和法人，也就是说是以个人名义申报还是以单位名义申报，但总的手续大体相同。所不同的是，法人投资项目需要先立项备案，才能组织施工。自然人投资项目也需要备案，但是由电网公司统一集中代办。

1. 自然人投资项目

对于自然人利用自有宅基地及其住宅区域内建设的 380/220V 分布式光伏发电项目，不需要单独办理立项手续，只需要准备好支持性资料，到当地（市级）供电公司营销部（或办事大厅）提交"分布式电源项目接入申请表"，供电公司受理后，根据当地能源主管部门项目备案管理办法，按月集中代自然人项目业主向当地能源主管部门进行项目备案，并于项目竣工验收后，办理项目立户手续（银行卡），负责电费及补贴发放。

项目实施过程中涉及的资料文件主要如下：

1) 项目申请人的身份证及复印件、户口本等有效身份证明；

2) 房屋、场地产权证明（房产证、购房合同或屋顶租赁合同、土地证明等）；

3) 小区物业出具的同意建设分布式光伏发电项目的证明；

4) 申请人银行账户手续（新办或者确定的银行卡）；

5) 用电申请书；

6) 居民分布式光伏发电系统申请书；

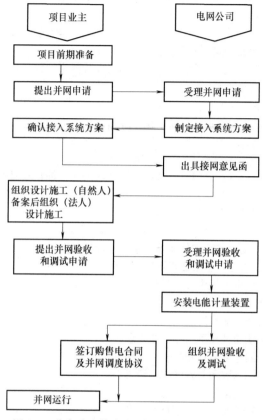

图 3-1 分布式光伏发电项目并网申报基本流程

7）分布式光伏发电电力接入系统方案；

8）低压非居民用电登记表；

9）分布式光伏发电项目备案表；

10）低压供电方案答复单；

11）光伏组件检测报告、合格证；

12）并网逆变器检测报告、合格证；

13）并网验收和并网调试申请书；

14）客户受电工程竣工验收单；

15）分布式光伏发电项目发用电合同。

其中第 10~15 项是项目竣工验收时需要提供的资料。

2. 法人投资项目

法人投资的分布式光伏发电项目，与其他大型光伏发电项目手续基本相同，需要先备案后施工。备案资料基本如下：

1）经办人身份证原件及复印件和法人委托书原件（或法定代表人身份证原件及复印件）；

2）董事会决议；

3）项目立项的请示，县区初审意见；

4）企业法人营业执照、土地证（非直接占地项目，需所依托建筑的土地证）、房产证等项目合法性支持性文件；

5）政府投资主管部门同意项目开展前期工作的批复（有些地区要求）；

6）规划部门选址意见（规划局）；

7）节能审查意见（地方发展改革委）；

8）发电项目前期工作及接入系统设计所需资料；

9）屋顶抗压、屋顶面积可行性证明；

10）项目申请报告（或可研报告）；

11）登记备案申请表；

12）分布式光伏发电电力接入系统方案；

13）光伏组件检测报告、合格证；

14）并网逆变器检测报告、合格证；

15）并网验收和并网调试申请书；

16）客户受电工程竣工验收单；

17）分布式光伏发电项目发用电合同；

18）法人单位账户手续。

其中，第 13~18 项是项目竣工验收时需要提供的资料。

3.2.2 分布式光伏发电项目开展步骤与内容

1. 企业备案初步审查

1）地方发展改革委与地方供电公司确定分布式光伏项目备案初步审查制度；

2）凡是企业申请的项目，先由业主到地方发展改革委相关部门办理项目的备案初审意见，业主通过初审后将初审意见和相关的申请资料报到供电公司营业窗口，资料满足并网受理要求后供电公司受理；

3）个人居民项目由供电公司代为前往能源主管部门备案，居民直接可到营业厅申请，目前有些地方要求必须有房产证方可备案，所以无房产证的个人项目，公司会告知其补办房产证后方可受理。

2. 受理申请与现场勘查

供电公司营业厅负责受理分布式光伏项目业主提出的并网申请，协助用户填写《分布式电源项目前期申请表》，接受相关支持性文件，审核项目并网申请材料，审查合格后方可正式受理。

（1）企业项目支持性文件

1）经办人身份证原件及复印件和法人委托书原件（或法定代表人身份证原件及复印件）；

2）企业法人营业执照、土地证、房产证等项目合法性支持性文件；

3）项目地理位置图（标明方向、邻近道路、河道等）及场地租用相关协议；

4）对于合同能源管理项目，需提供项目业主和电能使用方签订的合同能源管理合作协议以及建筑物、设施的使用或租用协议；

5）政府投资主管部门同意项目开展前期工作的批复；

6）其他项目前期工作相关资料。包括项目供用电情况和用户变电所电气一次主接线图等。

（2）个人项目支持性文件

1）经办人身份证、户口本原件及复印件；

2）房产证等项目合法性支持性文件；

3）对于利用居民楼宇屋顶或外墙等公共部位建筑安装分布式电源的项目，应征得物业、业主委员会或居民委员会或同一楼宇内全体业主对项目安装的书面同意意见。

（3）现场勘查配合

供电公司在正式受理申请后会组织公司经研所等有关部门开展现场勘查，为编制接入系统方案做准备，项目业主应安排相应工作人员给予配合，并提供所需的现场电气图样等。现场勘查的服务时限是自受理并网申请之日起2个工作日内完成。

3. 接入方案制定与审查

受理后供电公司将依据国家、行业及地方相关技术标准，结合项目现场条件等实际情况，免费编制《分布式电源项目接入系统方案》，并通过内部评审后出具《接入系统方案项目（业主）确认单》，10kV以上项目为《接入电网意见函》，连同接入系统方案送达业主，并提请业主签收盖章确认。双方各持一份，项目业主确认接入方案后，即可开展项目备案和工程建设等后续工作。供电公司对接入方案制定与审查的服务时限是自受理并网申请之日起20个工作日（多点并网的是30个工作日）内完成。

4. 并网工程设计与建设

（1）设计文件审查

对于 380（220）V 多点并网或 10kV 并网的项目，企业用户在正式开始接入系统工程建设前，需要自行委托有相应设计资质的单位进行接入系统工程设计，并将设计材料提交供电公司审查。

设计审查所需要的资料如下：

1）设计单位资质复印件；

2）接入工程初步设计报告，图样及说明书；

3）隐蔽工程设计资料；

4）高压电器装置一次、二次接线图及平面布置图；

5）主要电器设备一览表；

6）继电保护、电能计量方式等。

供电公司依据国家、行业、地方、企业标准，接受相关支持性资料文件，对企业用户的接入系统设计文件进行组织审查，出具、答复审查意见。协助用户填写《设计资料审查申请表》，出具《设计资料审查意见书》。若审查不通过的项目，由供电公司提出修改意见，若需要变更设计，应将变更后的设计文件再次送审，通过后方可实施。设计文件审查的服务时限是自收到设计文件之日起 5 个工作日完成。

（2）工程建设施工

企业用户根据接入方案答复意见和设计审查意见，自主选择具有相应资质的施工单位实施分布式光伏发电本体工程及接入系统工程。工程应满足国家、行业及地方相关施工技术及安全标准。承揽工程的施工单位应具备政府主管部门颁发的承装（修、试）电力设施许可证、建筑业企业电力工程施工资质证书、安全生产许可证等。

施工中接入用户内部电网的分布式项目内容，所涉及的工程由项目业主投资建设，接入引起的公共电网改造部分内容由供电企业投资建设。

电源项目接入如涉及公共电网的新建（改造）的，项目业主在启动发电项目建设后，持项目建设承包（施工）合同、主要设备的购货合同等材料联系供电公司客户经理，由客户经理组织公司相关部门实施公共电网的新建（改造）工程。

5. 并网验收与调试申请

光伏发电本体工程及接入系统工程完工后，企业用户可到供电公司营业厅提交并网验收及调试申请，供电公司将协助项目业主填写《并网验收及调试申请表》，接收并审核验收及调试所需要的相关材料，相关资料具体要求见表3-1。

表3-1 并网验收及调试相关资料

序号	资 料 名 称	380V 项目	10kV 项目	35kV 项目
1	项目备案文件	要	要	要
2	施工单位资质复印件：承装（修、试）电力设施许可证；建筑企业电力工程施工资质证书；安全生产许可证	要	要	要
3	主要电气设备技术参数、形式认证报告或质检证书：组件、逆变器、变电设备、断路器、刀闸等设备	要	要	要
4	并网前单位工程调试报告或记录，验收报告或记录	要	要	要
5	并网前设备电气试验，继电保护装置整定记录，通信设备、电能计量装置安装调试记录	要	要	要
6	并网启动调试方案	—	—	要
7	项目运行人员名单及专业资质证书复印件	—	—	要

注：光伏组件、逆变器等设备，需取得国家授权的有资质的检测机构出具的检测报告。

资料齐全后供电公司将会组织人员进行电能计量装置的安装，并与客户按照平等自愿的原则签订《发用电合同》，对项目开展验收。对于10kV以上的项目还需要签订《电网调度协议》，约定发电用电相关方的权利和义务。这些工作的服务时限是自受理并网验收及调试申请之日起5个工作日内完成。

供电公司组织相关人员为客户免费进行并网验收调试，并网验收合格的，出具《并网验收意见书》，调试后直接并网运行。对并网验收不合格的，将提出整改方案进行整改，经再次进行调试通过后，出具《并网验收意见书》，没有通过验收的项目不可并网运行。并网验收调试的服务时限是自表计安装完毕及合同、协议签署完毕之日起10

个工作日内完成。

6. 合同签订

A类，适用于接入公用电网的分布式光伏发电项目，为双方合同（常规电源）。

B类，适用于发电项目业主与用户为同一法人，且接入高压用户内部电网的分布式光伏发电项目，为双方合同。

C类，适用于发电项目业主与用户为同一法人，且接入低压用户内部电网的分布式光伏发电项目，为双方合同。

D类，适用于发电项目业主与用户为不同法人，且接入高压用户内部电网的分布式光伏发电项目，为三方合同。

E类，适用于发电项目业主与用户为不同法人，且接入低压用户内部电网的分布式光伏发电项目，为三方合同。

7. 计量与结算

（1）计量

分布式光伏项目所有的并网点以及与公共电网的连接点均应安装具有电能信息采集功能的计量装置，以分别准确计量分布式电源项目的发电量和用电客户的上、下网电量。

（2）结算

分布式光伏上、下网电量分开结算，不得互抵，电价执行国家相关政策。供电公司为享受国家电价补贴的分布式电源项目提供补贴计量和结算服务，在收到财政部门拨付的补贴资金后，按照国家政策规定，及时支付给项目业主。

在合同签订完毕正式生效且项目正式并网运行后，供电公司负责对分布式光伏发电、上网电量进行采集和计算，向分布式光伏业主发布预、终结算单，企业性质的分布式电源结算电费发票由电源业主每月按时开具并交给公司电费部门，个人性质的结算发票由公司电费部门代为开具。

8. 分布式电源接入电网系统设计要求

供电公司在编制分布式光伏接入系统方案时，要按照国家、行业、地方及企业相关技术标准，并参照《分布式电源接入配电网相关技术规范》《分布式电源接入系统典型设计》等文件制定接入方案。参考标准为：8kW及以下光伏发电系统可接入220V电网；8kW~400kW光伏发电系统可接入380V电网；400kW~6MW光伏发电系统可接入10kV电网；5MW~30MW以上光伏发电系统可接入35kV电网。最终并网电压等级会根据电网条件，通过技术经济比选论证确定。若高低两级电压均具备接入条件，优先采用低电压等级接入。当采用 220V 单相接入时，会根据当地配电管理规定和三相不平衡测算结果确定最终接入的电源相位。

3.3 光伏电站建设用地的申请办理

3.3.1 光伏电站建设用地报批程序

分布式光伏电站也会遇到建设用地审批的问题，其申请和批复程序主要有：预审（包括选址）、农转用和征用、两公告、登记、县政府同意补偿方案批复、供地等，具体程序如图 3-2 所示。

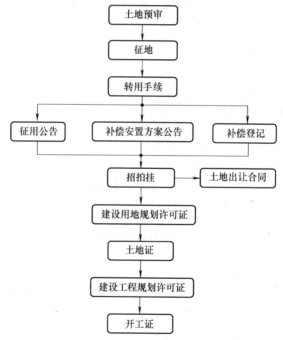

图 3-2　光伏电站建设用地报批程序示意图

1. 预审

到用地科办理，须提供下列材料：

1）用地预审申请表；

2）预审的申请报告（内容包括拟建设项目用地基本情况、拟选址情况、拟用地规模和拟用地类型、补充耕地基本方案）；

3) 需审批的项目还应提供项目建议书批复文件和项目可行性研究报告（两者合一的只要可行性研究报告）；

4) 规划部门选址意见；

5) 标注用地范围的土地利用总体规划图；

6) 企业营业执照或法人单位代码证（报省、部审批的还需要地质灾害评估报告和矿产压覆情况表）。

2. **办理征地手续**

用地单位凭预审意见到征地事务所办理征地手续。

3. **办理转用手续**

用地单位向规划科提出转用申请并提交下列材料：

1) 建设用地预审意见；

2) 征地手续；

3) 立项文件；

4) 建筑总平面图；

5) 环评报告；

6) 规划用地许可证和红线图；

7) 较大和特殊项目的特定条件；

8) 办理集体使用需提供使用集体土地说明；

9) 违法用地需提供处罚文件、处罚补办意见。

4. **用地单位到审批中心窗口缴纳农转用有关规费**

5. **上报上级审批**

6. **颁布征地公告**

收到省政府批文后，县府颁布征用土地公告，告知土地征用位置、范围、面积及补偿方法。

7. **颁布征地补偿安置方案公告**

征地公告颁布张贴15天后无异议的，颁布征地补偿安置公告。

8. **补偿登记**

征地补偿安置方案公告颁布15天后无异议的，征地事务所负责作好征地补偿登记后，发放征地费。

9. **具体项目审批**

用地单位向县行政中心国土资源窗口提出具体建设项目用地申请，提交下列材料：

1) 建设用地申请表；

2) 用地预审意见；

3) 土地评估报告文本；

4）农转用审批材料、"二公告、一登记"及征地补偿方案批复材料；

5）建筑总平面；

6）征地红线图；

7）项目批准文件；

8）初步设计批复；

9）建设用地规划许可证；

10）环评报告；

11）违法用地需再提交《处罚决定书》和上级部门同意补办意见。

10. 缴纳出让金和规费

3.3.2　单位申请土地的登记程序

1. 初始登记

1）土地登记申请书。

2）单位的营业执照或法人代码证、法定代表人身份证明和个人身份证明。委托代理人、申请人的，还应当提交授权委托书和代理人身份证明。

3）土地权属来源证明：

① 建设用地呈报表或说明书、建设用地许可证、土地出让合同或划拨土地批准书、征地协议书或征地公告等规划用地许可证、用地红线图，计划部门立项文件。房地产开发项目还需提交县土地测绘所出具的用地面积和建筑面积的证明。

② 老城拆迁：房地产开发公司土地证（未发证提交建设用地呈报表或说明书、建设用地许可证、土地出让合同或划拨土地批准书、规划用地许可证、用地红线图）。老城拆迁安置协议及定位公证书、购房发票或购房证、原土地证或土地登记注销文件。

③ 历史遗留的无用地审批文件的，应提交主管部门的证明，用地协议或村委会意见等有效证件。

④ 其他应当提交的证明。

2. 变更登记

1）因国有土地使用权类型、用途及使用年限发生变化引起的变更：县政府及土地行政主管部门批准文件、出让合同或合同变更协议、出让金缴纳凭证、原国有土地使用证。

2）企业改制变更：原企业国有土地使用证、县级以上政府批准文件、出让合同、出让金缴纳凭证、国有土地使用权转让审批表。

3）房地产转让变更：原国有土地使用证、国有土地使用权转让审批表、土地使用权转让协议。

4）因单位合并，分立及更名引起的变更：原国有土地使用证、主管部门批准文件、协议。

5）因地址名称更改引起的变更：原国有土地使用证、县地名办或民政部门批准文件。

6）因出售公房引起的变更：原国有土地使用证、公房出售批准文件、售房合同、变更后产权证、国有土地使用权转让审批表。

7）因处分抵押财产而取得土地使用权引起的变更：原国有土地使用证、法院民事裁定书和执行书、拍卖或转让协议、国有土地使用权转让审批表。

8）变更登记除提交上述有关材料外，还需提交初始登记中1~2项有关材料。

第4章

分布式光伏电站的安装施工与调试验收

光伏发电系统是涉及多个专业领域的高科技发电系统，不仅要进行合理可靠、经济实用的优化设计，选用高质量的设备、部件，还必须进行认真、规范的安装施工和检测调试。安装调试不到位，轻则会影响光伏发电系统的发电效率，造成资源浪费；重则会频繁发生故障，甚至损坏设备。另外还要特别注意在安装施工和检测全过程中的人身安全、设备安全、电气安全、结构安全及工程安全问题，做到规范施工、安全作业，安装施工人员要通过专业技术培训合格，并在专业工程技术人员的现场指导和参与下进行作业。

光伏电站系统的安装施工一般分为前期准备阶段、安装施工阶段、检测调试阶段、竣工验收阶段。

1) 前期准备阶段：根据工程项目的大小组织工程项目部（或项目小组）进场，开始进行工程设计图样的深化设计和完善工作，熟悉有关设计图样及相应的施工规范，密切配合土建施工及其他专业的施工进度，力求做到系统安装施工各项工作随土建施工主体进度施工紧密有序跟进，互不影响，不出现拖沓、窝工现象。期间还要做好施工工地临时设施的规划、搭建，做好材料、设备的报审、采购计划和准备工作，以及其他需要准备的工作。

2) 安装施工阶段：安装施工要随着场地平整及基础施工的分片结束逐步铺开，进入光伏支架、光伏组件及相关电气设备的安装阶段。在这个阶段，安装技术工人、机具、材料陆续进场，各方面的措施都要满足施工需要，如技术方面的图样、规范、技术交底；现场方面的环境、交叉作业等。这个阶段要合理安排工队流水作业，尽量充分利用劳动力资源。

3) 检测调试阶段：随着工程的进展，光伏组件、逆变器等设备、交直流线缆等安装完毕，需要分片进行检测，并通电、试电、空载试运转调试。这一阶段要做好相应的系统方案，指导相应的系统调试工作。同时，对于调试过程中出现的细节问题要重视并及时予以解决，为一次验收达标创造条件。

4）竣工验收阶段：这一阶段，经过自检合格后，报业主验收，同时，把工程资料整理归类，做好工程结算方面的资料工作。

4.1 光伏电站的安装施工

光伏电站的安装施工内容主要有三大类：一是场地平整、电缆沟、排水沟、房屋建筑基础开挖，配电室和变电站类房屋建筑施工，光伏支架基础施工等土建类施工；二是光伏组件方阵支架及光伏组件在屋顶或地面的安装，以及汇流箱、配电柜、逆变器、避雷系统和输配电系统设备等电气设备的安装施工；三是光伏组件间的线缆连接及各设备之间的线缆连接与敷设施工，以及连接用电负载（用电户）和连接电网的高低压配电线路的敷设施工。光伏电站安装施工的主要内容如图4-1所示。

4.1.1 安装施工前的准备

1. 安装位置的确定

在进行光伏电站及其系统设计时，就要在计划施工的现场进行勘测，确定安装方式和位置，测量安装场地的尺寸，确定光伏组件方阵的朝向方位角和倾斜角。光伏组件方阵的安装地点不能有建筑物或树木等的遮挡，如实在无法避免，也要保证光伏方阵在9时到16时能接收到阳光。光伏方阵与方阵的间距等都应严格按照设计要求确定，确保前排方阵对后排方阵无阴影遮挡。按照行业规范，在我国北方地区，以冬至日当天15时前不被遮挡为设计原则；在南方地区，以冬至日当天16时前不被遮挡为设计原则。

2. 对安装现场的基本要求

1）现场土地或屋顶面积要能满足整个电站所用面积的需要，一般每10kW光伏电站占地面积为70~100m²。要尽可能利用空地、荒地、劣地及空闲屋顶，不能占用耕地。

2）现场地形要尽可能平坦，要选择地质结构及水文条件好的地段，尽可能远离有断层、滑坡、泥石流及容易被水淹没的地段。

3）安装现场要尽可能处于供电负荷中心，以利于输电线路的架设和传输，使输电线路距离最短、施工容易、维护管理方便。

4）若施工现场地处山区，要尽可能选择开阔地带，并尽量避开东面和南面高山对太阳的遮挡。若在屋顶施工，也要尽量避开四周的树木、高楼、烟囱等的遮挡。

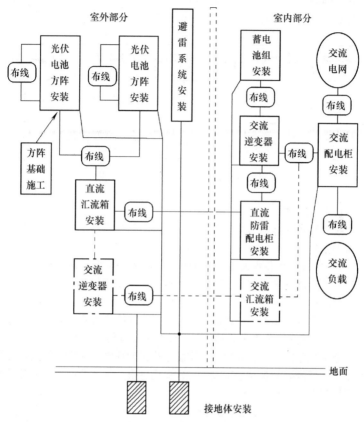

图 4-1 光伏电站安装施工主要内容示意图

3. 施工准备

无论是屋顶施工还是地面施工，施工负责人及施工人员都要根据不同施工现场的具体情况，提前做好工程所需要的一切工具和材料的准备，最好列出详细的清单。施工人员要根据工程设计图纸确定施工范围，并确定具体施工方案、施工流程和施工进度。

（1）施工流程

光伏电站的项目施工流程如图 4-2 所示，一般包括施工现场勘测与确认，工程规划与技术准备，工具、材料准备、基础、配电土建施工，光伏支架制作、安装、调平、电池组件安装调整，逆变器、汇流箱、控制器、储能蓄电池组、升压变压器等电气设备的安装调试，各类交直流线缆的敷设，系统调试、试运行，正式投入运行、进行竣工验收。

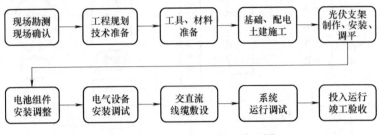

图 4-2　光伏电站项目施工流程图

（2）技术准备

技术准备的详尽与否是决定施工质量的关键因素，一般有以下几个方面的工作。

1）项目技术负责人会同设计部门核对施工图样，并对施工作业人员进行安装施工技术交底。项目技术负责人要充分熟悉、了解设计文件和施工图样的主要设计意图，明确工程所采用的设备和材料，明确设计图样所提出的施工要求，以便尽早采取措施，确保项目施工顺利进行。

2）项目施工负责人要熟悉与工程有关的其他技术资料，如施工合同，施工技术规范、验收规范，质量检验评定等强制性文件条文。准备好施工中所需要的各种规范文件、作业指导书、施工图册、有关资料及施工所需要的各种记录表格。

3）项目经理要根据工程设计文件和施工图样的要求，结合施工现场的客观条件、材料设备供应和施工人员数量等情况，编制施工组织设计，并针对有特殊要求的分项工程编制专项施工方案，安排施工进度计划和编制施工组织计划，做到合理有序地进行施工。施工计划必须详细、具体、严密和有序，便于监督实施和科学管理。

（3）现场准备

现场准备的好坏是决定工程施工效率的关键因素。通常，为了确保工程施工顺利进行，必须首先高质量完成施工现场各种辅助设施的建设。

1）根据施工工作量大小及施工现场平面布置情况，建设临时的办公和生活设施。

2）建设临时周转仓库，用于存放设备、部件、施工工器具、辅助材料、劳保用品,库存物品要分类存放、专人管理。

3)要准备施工供电设施,条件许可时,尽量采用市电供电。无有市电时,要自备燃油发电机组。燃油发电机尽量选用高效环保型的设备。

4)尽量利用施工现场周边道路进行施工运送,没有道路的地方要根据现场地域条件提前开辟简易道路。开辟道路和施工运送都要尽量避免破坏施工地域的生态环境和树木植被。

除上述几个主要环节外,施工准备通常还包括施工队伍准备、施工物资准备、施工作业准备、设备及材料进场计划等内容。

4.1.2 场地土建及基础施工

1. 场地平整及土方施工

场地平整要根据业主提供的方位坐标、施工布置图以及通过施工测量确定的场地范围及标高等数据进行。一般对于不平整度小于30cm的场地要进行土地平整施工,对于不平整度大于30cm的场地要通过土方开挖进行平整施工。场地平整面积应考虑除光伏电站本身占地面积外还应留有余地,平地四周预留0.5m以上,靠山面应预留0.5m以上,沿坡面预留1m以上,靠山面的坡度应在60°以下,且应做好防止山坡坍塌的防护措施。

无论是平整场地还是开挖建筑物地基或电缆沟等,在土方施工开挖前要了解开挖区域范围内的地下设施、管线和邻近的建构筑物情况,并针对不同情况加以注意或做相关保护。土方施工一般都是采用机械施工与人工作业相结合的方式,挖出土方可暂时堆放在场地附近的空地上,以便回填时使用。一般机械施工在挖到离坑底10cm左右时要通过人工作业修底,防止扰动基层,影响坑底承载力。

土方施工前要做好堆放土区域、机具和车辆行走路线的设计与规划,保证车辆正常出进,回填土尽量就近堆放,避免重复运送。土方施工工作面不宜过大,应逐段逐片分期完成,合理确定开挖顺序、路线及深度。下雨天不要进行土方开挖作业。

2. 光伏方阵基础的施工

光伏方阵基础主要有混凝土预埋件基础、混凝土配重块基础、螺旋地桩基础、直接埋入式基础、混凝土预制桩基础和地锚式基础等几类,这几种基础可以根据设计安装要求及地质土壤情况等选择。其中混凝土块配重基础、混凝土预埋件基础经常应用于屋顶光伏发电系统建设或改造中,这样可以有效地避免破坏屋顶防水层等结构;预埋件基础、螺旋地桩基础、直接埋入式基础、混凝土预制桩基础和地锚式基础都可以应用到任何地面光伏电站中，具有稳固、可靠性高的优点。

（1）场地平整

基础施工前首先进行场地平整，平整面积应考虑除光伏电站本身占地面积外还应留有余地，平地四周应预留0.5m以上，靠山面应预留0.5m以上，沿坡面应预留1m以上，靠山面的坡度应在60°以下，且应做好防护工作。

（2）定位放线

在平整过的场地上，按设计施工要求的方法和位置进行定位，主要根据光伏电站现场方位、各项工程施工图、水平基准点及坐标控制点确定基础设施、避雷接地及各种设备、设施的排布位置。具体方法是利用指南针确定正南方的平行线，配合角尺，按照电站设计图样要求找出横向和纵向的水平线，确定各个基础立柱的中心位置，并依据施工图样要求和基础控制轴线，确定基础开挖线。

（3）基坑开挖

采用螺旋桩和地锚式基础的基础施工一般不需要挖基坑，只需要用专业的机械设备在确定好的基础中心点将螺旋桩或地锚桩旋入或压入地下即可，在施工的过程中要注意地桩露出地面部分的高度符合设计要求，使各个地桩顶平面保持一致。

采用预埋件法基础、直埋法基础以及混凝土预制桩基础时，都需要进行基坑的开挖施工。当然不同类型的基础，基坑开挖的大小和深度都不一样。对于混凝土预制桩基础，需要根据预制桩的横截面尺寸，以及施工地土质情况的不同，用专用设备开挖一个较小的引导孔，以方便预制桩的打入，引导孔的具体尺寸按照施工设计要求确定。

预埋件法基础、直埋法基础都需要根据设计要求利用机械或人工开挖基坑，施工过程中要注意控制基坑的开挖深度，以免造成混凝土材料的浪费，开挖尺寸应符合施工图纸要求，遇沙土或碎石土质挖深超过1m时，应采取相应的防护措施。

预埋件法和直埋法基础要按设计要求的位置制作浇注光伏方阵的支架基础，基础预埋件要平整牢固。将预埋件或直埋桩放入基坑中心，用C20混凝土进行浇注，浇注到与地平面一致时，用振动棒夯实。在振动过程中要不断地浇注混凝土，保证振实后的水平面高度一样。完成后的基础要保证预埋件螺丝的高度或直埋桩的高度符合图样要求。浇筑前要用保护套或胶带对预埋件螺栓进行包裹保护。

3. 房屋建筑施工

大型的光伏发电场站要有配电室、变电站、运行值班室等房屋建筑。房屋建筑施工的主要内容有：建筑地基开挖与回填、钢筋编织、模板及支撑安装、混凝土浇筑、砌砖抹灰、内外墙涂料涂刷、门窗安装和室外道路修筑铺设等。房屋建筑施工的每一项工程内容，都有相应的工艺流程、施工标准、施工方法和要求及施工检验标准等，详细内容可通过国家建筑工程类的相应标准和规范了解，在此就不赘述了。

4.1.3 光伏支架及组件的安装施工

1. 光伏支架的地面安装

光伏支架有角度固定的钢结构支架、自动跟踪支架及铝合金支架等，其中，铝合金支架一般用在小规模屋顶光伏发电系统中和大型钢结构支架中固定电池组件的部分支架，铝合金支架具有耐腐蚀、重量轻、美观耐用的特点，但承载能力低，且价格偏高；自动跟踪支架由于成本、效率等原因，应用也还不普遍；钢结构支架性能稳定，制造工艺成熟，承载力高，安装简便，可以广泛应用于各类光伏电站中。

光伏支架按照连接方式不同，可分为焊接和拼装式两种。焊接支架对型钢（槽钢和角钢）生产工艺要求低，连接强度较好，价格低廉，但焊接支架也有一些缺点，如连接点防腐难度大，如果涂刷油漆，则每1~2年油漆层就会发生剥落，需要重新涂刷，后续维护费用较高。焊接支架一般采用热镀锌钢材或普通角钢制作，沿海地区可考虑采用不锈钢等耐腐蚀钢材制作。热镀锌钢材镀锌层平均厚度应大于50μm，最小厚度要大于45μm。支架的焊接制作质量要符合国家标准《钢结构工程施工质量验收规范》（GB 50205—2001）的要求。普通钢材支架的全部及热镀锌钢材支架的焊接部位，要进行涂防锈漆等防腐处理。

拼装式支架以成品型钢或铝合金作为主要支撑结构件，具有拼装、拆卸方便，无需焊接，防腐涂层均匀，耐久性好，施工速度快，外形美观等优点，是目前普遍采用的支架连接方式。

光伏支架的安装顺序是：

1）安装前后立柱底座及立柱，立柱要与基础垂直，拧上预埋件螺母，吃上劲即可，先不要拧紧。如果有槽钢底框时，先将槽钢底框与基础调平固定或焊接牢固，再把前后立柱固定在槽钢底框上的相应位置。

2）安装斜梁或立柱连接杆。安装立柱连接杆时应将连接杆的表面放在立柱外侧，无论是斜梁或连接杆，都要先把固定螺栓拧至6分紧。

3）安装前后横梁。将前后横梁放置于钢支柱上，与钢支柱固定，用水平仪将横梁调平调直，再次紧固螺栓，用水平仪对前后梁进行再次校验，没有问题后，将螺栓彻底拧紧。

不同类型的支架其结构及连接件款式虽然有差异，但安装顺序基本相同，具体安装方法可参考设计图样或支架厂家提供的技术资料。图 4-3 所示为一种拼装式支架工程实例图，图 4-4 所示为一种焊接式支架的工程实例图，供支架安装施工时参考。

图 4-3　拼装式支架工程实例图　　图 4-4　焊接式支架工程实例图

光伏支架与基础之间应焊接或安装牢固，立柱底面与混凝土基础接触面要用水泥浆添灌，使其紧密结合。支架及光伏组件边框要与保护接地系统可靠连接。

2. 光伏支架的屋顶安装

光伏支架屋顶安装的主要类型有钢筋混凝土屋顶、彩钢板屋顶和瓦片屋顶等，不同的屋顶类型，有着不同的支架结构和安装固定方法。

（1）钢筋混凝土屋顶的安装

在混凝土平面屋顶安装光伏支架，主要有两种安装方式，一种是固定预埋件基础方式，另一种是混凝土配重基础方式。当采用固定预埋件基础方式时，如果是新建屋顶，可以在建屋顶的同时，将基础预埋件与屋顶主体结构的钢筋牢固焊接或连接，并统一做好防水处理。如果是已经投入使用的屋顶，需要将原屋顶的防水层局部切割掉，刨出屋顶的结构层，然后将基础预埋件与屋顶主体结构的钢筋牢固焊接或通过化学植筋等方法进行连接，然后进行基础制作，完成后再将切割过防水层的部位重新进行修复处理，做到与原屋顶防水层浑然一体，保证防水效果。

当屋顶受到结构限制无法采用固定预埋件基础方式时，应采取混凝土块配重基础方式，通过重力和加大基础与屋顶的附着力将光伏支架固定在屋顶上，并可采用钢丝绳拉紧法或支架延长固定法等措施对支架进行加强固定。特别是在东南沿海台风多发地，配重基础直接关系到光伏发电系统的安全，使光伏方阵抗台风能力不足，存在被大风掀翻的安全隐患，所以，配重块基础的设计施工都要再增加负重，并进一步加固，也可以在支架后立柱区域及支架边缘区域多使用混凝土配重压块增加负重，使这些区域的配重质量达到其他区域的 1.3 倍以上。负重不足的配重基础还有被局部移动的风险，可能会导致支架变形，组件损坏等。屋顶基础制作完成后，要对屋顶被破坏或涉及部分按照国家标准《屋面工程质量验收规范》（GB 50207—2012）的要求做防水处理，防止渗水、漏雨现象发生。

混凝土屋顶支架的安装与地面支架安装的方法、步骤基本相同，可参考前述方式进行。需要特别注意的是，在光伏方阵基础与支架的施工过程中，要杜绝出现支架基础没有对齐，造成支架前后立柱不在一条线上以及组件方阵横梁不在一个水平线上，出现弧形或波浪形的现象。还应尽量避免对相关建筑物及附属设施的破坏，如因施工需要不得已造成局部破损，应在施工结束后及时修复。

（2）彩钢板屋顶的安装

在彩钢板屋顶安装光伏方阵时，光伏组件可沿屋顶面坡度平行铺设安装，也可以设计成一定倾角的方式布置。目前的彩钢板屋顶多为坡面形，常见的坡度为5%和10%，屋面板为压型钢板或压型夹芯板，下部为檩条，檩条搭设在门式三角形钢架等支撑结构上。组件方阵支架一般都是通过不同的夹具、紧固件与屋顶彩钢板的瓦楞连接，夹具的固定位置要尽可能选择在彩钢板下有横梁或檩条的位置，尽量通过屋顶钢结构承受光伏方阵的重量。两个夹具之间的固定间距一般在1.2m左右，两根横梁之间的间距根据电池组件长度的不同，在1~1.1m（60片板）或1.2~1.4m（72片板）之间，具体尺寸要根据设计图纸要求进行确定。

彩钢板屋顶支架安装的步骤是，根据设计图纸进行测量放线，确定每一个夹具的具体位置，逐一安装固定夹具，然后进行方阵横梁的安装。在安装过程中要保证横梁在一条直线上，如图4-5所示。在屋顶边缘区域，在受风情况下容易产生乱气流，可通过增加夹具数量来增强光伏方阵的抗风能力。

常见的彩钢板屋顶瓦楞有直立锁边型、角驰（咬口）型、卡扣（暗扣）型、明钉（梯形）型等。其中直立锁边型、角驰型和卡扣型都可以通过夹具夹在彩钢板楞上，不对彩钢板造成破坏。明钉型则需要用固定螺丝穿透彩钢板表面对夹具进行固定，如图4-6所示。在选用夹具时，不仅要确定夹具类型，还需要将夹具带到现场进行锁紧测试，确认夹具与屋顶瓦楞的尺寸是否合适。

在彩钢板屋顶安装光伏组件方阵时，其安装方式与支撑彩钢板屋顶的钢架结构、屋顶架结构、檩条强度与数量及屋面板形式等有着直接的关系，对于不同承重结构的彩钢板屋顶将采取不同的安装方式。

图 4-5　夹具的放线排布　　图 4-6　明钉型彩钢板连接件固定方式

1) 钢架、屋顶支架、檩条的承重强度和屋顶板刚性强度都能满足安装要求。

这种情况是最合理的安装条件，光伏支架及方阵可以直接进行安装。把光伏支架采用连接件与屋顶板连接，并尽可能靠近檩条位置进行固定。

2) 钢架、屋顶支架、檩条的承重强度能满足安装要求，但屋顶板刚性强度较小，变形较大。

这种类型的彩钢屋顶主要应用在简易车间、车棚、公共候车厅、养殖场等一些要求程度不太高的场所。光伏支架可以采用连接件与檩条处的屋顶板直接连接，也可以采用将连接件通过穿透屋顶板与檩条进行连接。

3) 仅钢架和屋顶支架能满足安装要求，檩条和屋顶板承载能力小。

这种情况，只能采用连接件直接与钢架或屋顶支架连接，具体连接安装方式也是将连接件通过穿透屋顶板的方式进行。还有一种方式是将固定支架位置的屋顶板割开，用角钢槽钢等做支柱焊接到钢架或屋顶支架上。

在上述几种方式中，凡是涉及穿透屋顶的连接方式，必须带有防水垫片或采用密封结构胶进行处理，保证防水能力。若钢架、屋顶支架、檩条和屋顶板强度均不能满足安装要求时，是不能进行光伏方阵安装的。如果非要安装，就需要先对彩钢屋顶的整个钢结构重新进行加固。

(3) 瓦片屋顶的安装

在瓦片屋顶安装光伏发电系统，需要了解瓦屋顶的几种形式，以便确定那些屋顶可以安装，那些屋顶不能安装。常见的屋顶瓦片有空心瓦、双槽瓦、鱼鳞瓦、平瓦面瓦、平板瓦、油毡瓦、石棉瓦等几种，屋顶结构有檩条屋顶、混凝土屋顶、土层屋顶、石棉瓦屋顶等。单层的石棉瓦屋顶，由于承重较差，施工难度大，施工安全不好保证，一般不考虑安装。尽管各种瓦片的形状、颜色和性能特点不同，屋顶结构也不一样，但安装方式都是采用专用挂钩，与屋顶内部结构进行连接，并从瓦片的上下接缝处伸出来，然后在各个挂钩上固定横梁。由于挂钩的固定点都在建筑结构上，且基本不破坏瓦的防水结构，所以能保证方阵支架固定的可靠性，同时确保屋顶的防水性能不受破坏。

屋顶瓦片类型和结构的不同，所适用的挂钩也有些细节上的不同，挂钩的材质一般为不锈钢或热镀锌碳钢。

瓦片屋顶光伏组件的具体安装步骤为：

1）把确定好挂钩安装位置的瓦片揭开，将挂钩固定在屋顶上，然后把瓦片按原样铺上去；

2）在横梁方向每隔1.2m左右安装一个挂钩，竖排方向（两根横梁之间）根据电池组件长度的不同，每隔0.9~1.1m（60片板）或1.2~1.4m（72片板）安装一个挂钩，具体安装间隔尺寸可根据设计图样要求确定；

3）将横梁导轨安装在挂钩上；

4）将电池组件摆放到横梁上，用固定组件的中压块和边压块加以固定。

不同的屋顶结构，需要采用不同的方法进行固定，对于揭开瓦片就能看到檩条的屋顶，一般将挂钩直接用木螺丝固定在檩条上，每个挂钩至少要用3个以上的木螺丝。对于比较粗壮结实的檩条，挂钩间距可以在1.2m左右。如果檩条较细小，支撑度不够，可以减小挂钩之间的横向间距。

对于混凝土瓦屋顶，屋顶的结构组成一般是瓦片+（防水层）+混凝土层+芦苇层或薄木板+檩条（或横梁），若混凝土结构密实且厚度超过10cm，可以用膨胀螺栓直接打入混凝土中，对挂钩进行固定。若混凝土层较薄或结构疏松（例如俗称的沙子灰），则不宜使用膨胀螺栓固定，要将固定点的土层轻轻砸开挖出，将挂钩固定在檩条或者横梁上。固定完成后，用混凝土将挖开部位填充摸平，将瓦片恢复原样铺好。

有些混凝土屋顶是将瓦片直接铺在水泥上的，无法揭开，需要在相应位置通过切割破坏瓦片才能固定挂钩，进行安装。这种情况需要在安装完挂钩后，对破坏部位进行修补和防水处理。

还有一种农村常见的瓦屋顶是平瓦+（防水层）+薄土层+薄木板+圆

木横梁的结构，这种结构的挂钩固定方法与沙子灰结构方法一样，挂钩要固定在圆木横梁上，不能固定在薄木板上。

对于屋顶载荷强度不够，横梁太少、固定点不够以及一些拱形屋顶等，可采取先在承重墙上搭建钢结构，然后在钢结构上固定导轨支架的施工方法。

在光伏方阵基础与支架的施工过程中，应尽量避免对相关建筑物及附属设施的破坏，如因施工需要不得已造成局部破损，应在施工结束后及时修复。

3. 光伏组件的安装

1）光伏组件在存放、搬运、安装等过程中，不得碰撞或受损，特别要注意防止组件玻璃表面及背面的背板材料受到硬物的直接冲击。禁止抓住接线盒来搬运和举起组件。

2）光伏组件进场后，要先检查外包装完好，无破损现象。在安装过程中，要边开包边检查光伏组件边框有无变形，玻璃有无破损，背板有无划伤及裂纹，接线盒有无脱落等现象。

3）组件安装前应根据组件生产厂家提供的出厂实测技术参数和曲线，对光伏组件进行分组，将峰值工作电流相近的组件串联在一起，将峰值工作电压相近的组件并联在一起，以充分发挥光伏组串的整体效能。光伏组件的测量最好在正午日照最强的条件下进行。如组件厂商提供的是经过生产线测试调配好的组件，可直接进行安装。

4）如果光伏组件接线盒没有正负极引出线，还需要先连接好引出线，再进行安装。正负极引出线要用专用直流线缆制作，一般正极用红色，负极用黑色或其他颜色。一端连接到组件接线盒正负极压线处，另一端接专用连接器，连接器引线要用专用压线钳压接。正负极引出线的长度根据光伏方阵布置的具体需要确定。

5）光伏组件的安装应自下而上逐块进行，螺杆的安装方向为自内向外，将分好组的组件依次摆放到支架上，并用螺杆穿过支架和组件边框的固定孔，将组件与支架固定。固定时要保持组件间的缝隙均匀，横平竖直，组件接线盒方向一致。组件固定螺栓应有弹簧垫圈和平垫圈，紧固后应将螺栓露出部分及螺母涂刷防锈漆，做防松动处理。

6）地面或平面屋顶安装组件的时候若单排组件比较长，可以从中间往两边依次安装，这样可以将组件安装得更水平。

7）光伏组件安装面的平度调整。首先调整一组支架内左右两边各一块光伏组件固定杆，使其呈水平状态并紧固，将放线绳拉直固定在两边组件表面并绷紧，然后以放线绳为基准，分别调整其余组件的固定杆，使其在一个平面内，紧固所有螺栓。当方阵面积较大时，可以同时多放几根放线绳进行调整。当个别组件的边框固定面与支架固定面不吻合或缝隙大时，要用垫片垫平后方可紧固固定螺母。不能靠强行拧紧螺栓的方式紧固吻合，这样会造成组件边框变形，甚至会因长时间的扭曲应力造成组件玻璃破损。

8）按照具体项目光伏方阵组件串并联的设计要求，用专用直流线缆将组件的正负极进行连接，在进行作业时须认真按照操作规范进行，先串联后并联。对于接线盒直接带有线缆和连接器的组件，在连接器上都标注有正负极性，只要将连接器接插件直接插接即可。每串组件连接完毕，应检查整个光伏组串的开路电压是否正常，若没有问题，可以先断开组串中某一块组件的连接线，以保证后续工序的安全操作。电缆连接完毕，要用绑带、钢丝卡等将电缆固定在支架上，以免长期风吹摇动造成电缆磨损或接触不良。

9）斜面彩钢板屋顶和瓦屋顶安装组件时要提前考虑好组件串的连接方式和组串数，在安装下一块组件时要先将这块组件与上一块组件的连接器端子提前插接好，即边安装边连接，否则组件安装好后，就无法连接组件之间的连线了。

10）安装中要注意方阵的正负极两输出端不能短路，否则可能造成人身事故或引起火灾。在阳光下安装时，最好用黑塑料薄膜、包装纸片等不透光材料将光伏组件遮盖起来，以免输出电压过高影响连接操作或造成施工人员触电的危险。

11）安装斜坡屋顶的建材一体化光伏组件时，互相间的上下左右防雨连接结构必须严格施工，严禁漏雨、漏水，外表必须整齐美观，避免光伏组件扭曲受力。屋顶坡度超过 $10°$ 时，要设置施工脚踏板，防止人员或工具物品滑落。严禁下雨天在屋顶面施工。

12）光伏组件安装完毕之后要先测量各组串总的电流和电压，如果不合乎设计要求，就应该对各个支路分别测量。当然为了避免各个支路互相影响，在测量各个支路的电流与电压时，各个支路要相互断开。

13）光伏方阵中所有光伏组件的铝边框之间都要用专用的接地线进行连接，光伏方阵的所有金属件都应可靠接地，防止雷击可能带来的危害，同时为工作人员提供安全保证。光伏方阵仅通过组件的铝边框和支架的接触间接接地时，接地电阻大且不可靠，铝边框有漏电的危险。在实际工程中，多数光伏系统的负极都接到设备的公共地极上。系统其他的绝缘及接地要求看参考相应的设计方案和国家标准中有关内容。

4.1.4 逆变器等电气设备的安装

1. 逆变器的安装

1）逆变器在安装前同样要进行外观及内部线路的检查，检查无误后先将逆变器的输入开关断开，然后进行接线连接。接线时要注意分清正负极极性，并保证连接牢固。接线内容包括，直流侧接线、交流侧接线、接地连接、通信线连接等。

2）接线完毕，可接通逆变器的输入开关，待逆变器自检测正常后，如果输出无短路现象，则可以打开输出开关，检查温升情况和运行情况，使逆变器处于试运行状态。

3）逆变器的安装位置确定可根据其体积、重量大小分别放置在工作台面、地面等，若需要在室外安装时，要考虑周围环境是否对逆变器有影响，应避免阳光直接照射，并符合密封防潮通风的要求。过高的温度和大量的灰尘会引起逆变器故障和缩短使用寿命。同时要确保周围没有其他电力电子设备干扰。

4）逆变器的安装应与其周围保持一定的间隙，方便逆变器散热，同时便于后期逆变器的维护操作。如果逆变器本身无防雷功能，还要在直流输入侧配置防雷系统，并且保持良好接地。

5）在大功率离网光伏系统中，逆变器安装要尽量靠近蓄电池组，但又不能和蓄电池组同处一室，一是防止蓄电池散发的腐蚀性气体对逆变器等设备的侵蚀，二是防止逆变器开关动作产生的电火花引起腐蚀性气体爆炸。

6）逆变器安装要合理选择并网点，在某一区域安装 3 台以上逆变器时，要选择接入不同相位的相线并网，防止用电低峰时因电网电压高造成逆变器过电压保护而间隙工作。在农村电网末端严禁安装大容量光伏发电系统。

7）安装中所使用的线缆质量必须合格，连接要牢固，直流光伏线缆连接器必须用专用压线钳压制，以避免后期因接触不良引起故障或着火事故。

根据光伏系统的不同要求，各厂家生产的控制器和逆变器的功能和特性都有差别。因此欲了解控制器和逆变器的具体接线和调试方法，要详细阅读随机附带的技术说明文件。

2. 直流汇流箱的安装

1）直流汇流箱安装前也应开箱检查，首先按照装箱清单检查汇流箱所带的产品使用手册、合格证、保修卡及箱门钥匙等配件、资料齐全。检查汇流箱内元器件应完好，连接线应无松动，所有开关和熔断器应处于断开状态。

2）汇流箱的安装位置应符合设计要求，安装支架及紧固螺钉等都应为防锈件。汇流箱防护等级虽然能满足户外安装的要求，但也要尽量安装在干燥、通风和阴凉的地方，避免安装在阳光直射和环境温度过高的区域。

3. 交流汇流箱的安装

1）交流汇流箱的安装方式要结合其外形尺寸及重量确定落地或悬挂安装。

2）交流汇流箱的安装环境温度应在-25~60℃，相对湿度在0~95%。

3）交流汇流箱应安装在干燥、通风良好、防尘的地方。避免安装在太阳直射的地方。

4）交流汇流箱安装位置的四面要留有足够的空间，便于箱体更好的散热并方便日后维护检修。

4.1.5　防雷与接地系统的安装施工

1. 防雷器的安装

（1）安装方法

防雷器的安装比较简单，防雷器模块、火花放电间隙模块及报警模块等，都可以非常方便地组合并直接安装到配电箱中标准的35mm导轨上。

（2）安装位置的确定

一般来说，防雷器都要安装在根据分区防雷理论要求确定的分区交界处。B级（Ⅲ级）防雷器一般安装在电缆进入建筑物的入口处，如安装在电源的主配电柜中；C级（Ⅱ级）防雷器一般安装在分配电柜中，作为基本保护的补充；D级（Ⅰ级）防雷器属于精细保护级防雷装置，要尽可能地靠近被保护设备端进行安装。防雷分区理论及防雷器等级是根据DIN VDE0185和IEC61312-1等相关标准确定的。

（3）电气连接

防雷器的连接导线必须保持尽可能短，以避免导线的电阻和感抗产生附加的残压降。如果现场安装时连接线长度无法小于0.5m时，则防雷器必须使用V字形方式连接，如图4-7所示。同时，布线时必须将防雷器的输入线和输出线尽可能地保持较远距离排布。

另外，布线时要注意已经保护的线路和未保护的线路（包括接地线）绝对不要近距离平行排布，它们的排布必须有一定空间距离或通过屏蔽装置进行隔离，以防止从未保护的线路向已经保护的线路感应雷电浪涌电流。

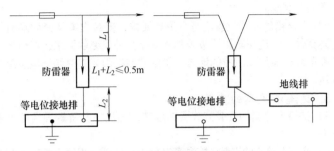

图 4-7　防雷器连接方式示意图

防雷器连接线的截面积应和配电系统的相线及中性线（A、B、C、N）的截面积相同或按照表 4-1 选取。

表 4-1　防雷器连接线截面积选取对照表

	导线截面积/mm^2（材质：铜）		
主电路导线截面积	≤35	50	≥70
防雷器接地线截面积	≥16	25	≥35
防雷器连接线截面积	10	16	25

（4）中性线和地线的连接

中性线的连接可以分流相当可观的雷电流，在主配电柜中，中性线的连接线截面积应不小于 16mm^2，当用在一些用电量较小的系统中，中性线的截面积可以相应选择的较小些。防雷器接地线的截面积一般取主电路导线截面积的一半，或按照表 4-1 选取。

（5）接地和等电位联结

防雷器的接地线必须和设备的接地线或系统保护接地可靠连接。如果系统存在雷击保护等电位联结系统，防雷器的接地线最终也必须和等电位联结系统可靠连接。系统中每个局部的等电位排也都必须和主等电位联结排可靠连接，连接线截面积必须满足接地线的最小截面积要求，如图 4-8 所示。

图 4-8　等电位联结示意图

（6）防雷器的失效保护方法

基于电气安全的原因，任何并联安装在市电电源相对零或相对地之间的电气元件，为防止故障短路，必须在该电气元件前安装短路保护器件，如断路器或熔断器。防雷器也不例外，在防雷器的入线处，也必须加装断路器或熔断器，目的是当防雷器因雷击保护击穿或因电源故障损坏时，能够及时切断损坏的防雷器与电源之间的联系，待故障防雷器修复或更换后，再将保护断路器复位或将熔断的熔丝更换，防雷器恢复保护待命状态。

为保证短路保护器件的可靠起效，一般 C 级防雷器前选取安装额定电流值为 32A（C 类脱扣曲线）的断路器，B 级防雷器前可选择额定电流值约为 63A 的断路器。

2. 接地系统的安装施工

（1）接地体的埋设

在进行配电室基础建设和光伏方阵基础建设的同时，在配电机房附近选择一地下无管道、无阴沟、土层较厚、潮湿的开阔地面，根据接地体的形状和尺寸一字排列挖直径 0.3~1m、深 2~2.5m 的坑 2~3 个（其中的 1 或 2 个坑用于埋设电器、设备保护等地线的接地体，剩余的一个坑用于单独埋设避雷针地线的接地体），坑与坑的间距应为 3~5m，如图 4-9 所示。坑内放入专用接地体或设计制作的接地体，接地体应根据要求垂直或水平放置在坑的中央，其上端离地面的最小高度应不小于 0.7m，放置前要先将引下线与接地体可靠连接。引下线与接地体的连接部分必须使用电焊或气焊，不能使用锡焊。现场无法焊接时，可采取铆接或螺栓连接，确保有不少于 $10cm^2$ 的接触面。

埋设引下线和接地体应尽量放在人们不走或很少走过的地方，避免受到跨步电压的危害，还应注意使接地体与周围金属体或电缆之间保持一定的距离。

将接地体放入坑中后，在其周围填充接地专用降阻剂，直至基本将接地体掩埋。填充过程中应同时向坑内注入一定的清水，以使降阻剂充分起效。最后用原土将坑填满夯实。电器、设备保护等接地线的引下线最好采用截面积为 $35mm^2$ 的接地专用多股铜芯电缆连接，避雷针的引下线可用直径为 8mm 圆钢或截面积不小于 $40mm^2$ 的镀锌扁钢连接。

占用面积比较大的发电系统场站，接地系统要采用环网接地的形式，如图 4-10 所示。环网各接地体之间也可用直径为 8mm 镀锌圆钢或截面积不小于 $40mm^2$ 镀锌扁钢连接。

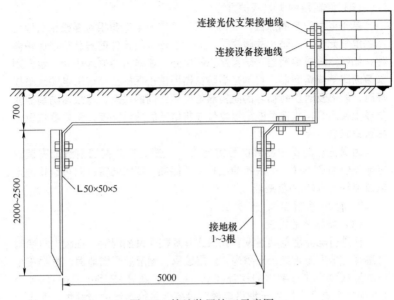

图 4-9　接地装置施工示意图

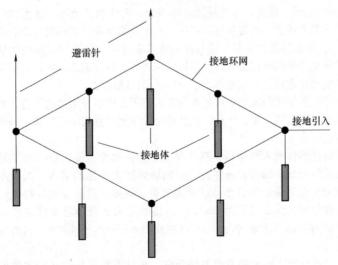

图 4-10　环网接地示意图

（2）避雷针的安装

避雷针的安装最好依附在配电室、光伏支架等建构筑物旁边，以利于安装固定，并尽量在接地体的埋设地点附近。避雷针的高度根据要保护的范围而定，条件允许时尽量单独做地线。

4.1.6 线缆的敷设与连接

光伏发电系统工程的线缆工程建设费用也较大，线缆敷设方式直接影响着建设费用。所以合理规划、正确选择线缆的敷设方式，是光伏线缆设计选型工作的重要环节。

光伏发电系统的线缆敷设方式要根据工程条件、环境特点和线缆类型、数量等因素综合考虑，并且要按照满足运行可靠、便于维护的要求和技术经济合理的原则来选择。光伏发电系统直流线缆的敷设方式主要有直埋敷设、穿管敷设、桥架内敷设、线缆沟敷设等。交流线缆的敷设与一般电力电气工程施工方式相仿。无论哪种敷设都要在整体布线前应事先考虑好走线方向，然后开始放线。当地下管线沿道路布置时，要注意将管线敷设在道路行车部分以外。

1. 光伏发电系统连接线缆敷设注意事项

1）在建筑物表面敷设光伏线缆时，要考虑建筑的整体美观。明线走线时要穿管敷设，线管要做到横平竖直，应为线缆提供足够的支撑和固定，防止风吹等对线缆造成机械损伤。不得在墙和支架的锐角边缘敷设缆线，以免切割、磨损伤害线缆绝缘层引起短路，或切断导线引起断路。

2）线缆敷设布线的松紧度要均匀适当，过于张紧会因四季温度变化及昼夜温差热胀冷缩造成线缆断裂。

3）考虑环境因素影响，线缆绝缘层应能耐受风吹、日晒、雨淋、腐蚀等。

4）线缆接头要特殊处理，要防止氧化和接触不良，必要时要镀锡或锡焊处理。同一电路馈线和回线应尽可能绞合在一起。

5）线缆外皮颜色选择要规范，如相线、零线和地线等颜色要加以区分。敷设在柜体内部的线缆要用色带包裹为一个整体，做到整齐美观。

6）线缆的截面积要与其线路工作电流相匹配。截面积过小，可能使导线发热，造成线路损耗过大，甚至使绝缘外皮熔化，产生短路甚至火灾。特别是在低电压直流电路中，线路损耗尤其明显。截面积过大，又会造成不必要的浪费。因此，系统各部分线缆要根据各自通过电流的大小进行选择确定。

2. 线缆的铺设与连接

光伏发电系统的线缆铺设与连接主要以直流布线工程为主，而且串联、并联接线场合较多，因此施工时要特别注意正负极性。

1）在进行光伏方阵与直流汇流箱之间的线路连接时，所使用线缆的截面积要满足最大短路电流的需要。各组件方阵串的输出引线要做编号和正负极性的标记，然后引入直流汇流箱。

2）线缆在进入接线箱或房屋穿线孔时，要做如图 4-11 所示的防水弯，以防积水顺线缆进入屋内或机箱内。当线缆铺设需要穿过楼面、屋面或墙面时，其防水套管与建筑主体之间的缝隙必须做好防水密封处理，建筑表面要处理光洁。

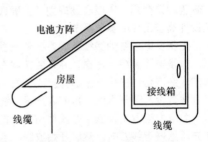

线缆弯曲半径≥线缆直径的6倍

图 4-11 线缆防水弯示意图

3）对于组件之间的连接电缆及组串与汇流箱之间的连接电缆，一般都是利用专用连接器连接，线缆截面积小、数量大，通常情况下敷设时尽可能利用组件支架作为线缆敷设的通道支撑与固定依靠。

4）在敷设直流线缆时，有时需要在现场进行连接器与线缆的压接。连接器压接必须使用专用的压接钳进行，不能使用普通的尖嘴钳或者老虎钳压接，以免留下隐患。连接器压接后从外观上检查，应该无断丝和漏丝，无毛边，左右匀称。

5）当光伏方阵在地面安装时要采用地下布线方式，地下布线时要对导线套线管进行保护，掩埋深度距离地面在 0.5m 以上。

6）交流逆变器输出的电气方式有单相二线制、单相三线制、三相三线制和三相四线制等，要注意相线和中性线的正确连接，具体连接方式与一般电力系统连接方式相仿。

7）线缆敷设施工中要合理规划线缆敷设路径，减少交叉，尽可能的合并敷设以减少项目施工过程中的土方开挖量以及线缆用量。

4.2 光伏电站系统的检查测试

光伏电站系统在安装施工的过程中及安装完毕后，需要对整个系统进行直观检查和必要的测试，使系统能够长期稳定的正常运行，并履行工程验收和交接手续。

施工检查要贯穿在光伏电站系统工程施工的全过程中。在施工阶段，要根据现场检查的要求，重点检查施工方案是否合理，能否全面满足设计要求，并根据设计要求和供货清单等资料，检查配套的设备、部件、材料等是否按照要求配齐，供货质量是否符合要求。对一些重要或关键的设备、部件、材料，可根据具体情况进行抽样检查。基础工程及光伏支架安装施工完工后，重点检查光伏方阵基础施工质量，光伏方阵支架安装质量，以及其他如电缆沟、配电室等土建设施的施工质量，并做好相应记录。系统设备安装和线缆敷设完成后，要根据设计要求，参照产品说明书，对电池组件、逆变器、控制器、汇流箱、配电柜、蓄电池组、交直流线缆等进行检查。

4.2.1 光伏电站系统的检查

光伏电站系统的检查主要是对各个电气设备、部件等进行外观检查，内容包括光伏组件及方阵（及基础支架）、直流汇流箱、直流配电柜、交流配电柜、控制器、逆变器、系统并网装置和接地系统等的检查。

1. 光伏组件及方阵的检查

检查组件的电池片有无裂纹、缺角和变色，表面玻璃有无破损、脏物和油污，边框有无损伤、变形等。

检查方阵外观是否平整、美观，组件是否安装牢固，连接引线是否接触良好，引线外皮有否破损等。

检查组件或方阵支架是否有腐蚀生锈和螺栓松动之处。

检查方阵接地线是否有破损，连接是否可靠。

2. 直流汇流箱和直流、交流配电柜的检查

检查箱体表面有无腐蚀、生锈、变形、破损，内部接线有无错误，接线端子有无松动，外部接线有无损伤，各断路器开关是否灵活，防雷模块是否正常，接地线缆有无破损，端子连接是否可靠。

3. 控制器、逆变器、箱式变压器的检查

检查箱体表面有无腐蚀、生锈、变形、破损，接线端子是否松动，输入、输出等接线是否正确，接地线有无破损、接地端子是否牢固，辅助电源连接是否正确，逆变器自检是否正常，各断路器开关是否灵活，防雷模块是否正常。

变压器表面有无破损，温度、过载保护等动作是否正常，绝缘是否正常。

4. 接地系统的检查

检查接地系统是否连接良好，有无松动；连接线是否有损伤；所有接地是否为等电位连接，电缆铠甲是否接地。

5. 配电线缆的检查

光伏发电系统中的线缆在施工过程中，很可能出现碰伤和扭曲等情况，这会导致绝缘被破坏以及绝缘电阻下降等现象。因此在工程结束后，在做上述各项检查的过程中，同时对相关配电线缆进行外观检查，通过检查确认线缆有无损伤。

重点检查：电缆与连接端是否采用连接端头，并且有抗氧化措施；连接紧固无松动，电缆绝缘良好，标示标牌齐全完整；高压电缆经过了高压测试并合格，电缆铠甲接地和防火措施良好。

4.2.2 光伏电站系统的测试

1. 光伏方阵的测试

一般情况下，方阵组件串中的光伏组件的规格和型号都是相同的，可根据组件生产厂商提供的技术参数，查出单块组件的开路电压，将其乘以串联的数目，应基本等于组件串两端的开路电压。

通常由 36 片、60 片或 72 片电池片制造的光伏组件，其开路电压分别约为 21V、36.5V 和 43V。如有若干块光伏组件串联，则其组件串两端的开路电压应分别约为 21V、36.5V 和 43V 的整数倍。测量光伏组件串两端的开路电压，看是否基本符合上述要求，若相差太大，则很可能有组件损坏、极性接反或是连接处接触不良等问题，可逐个检查组件的开路电压及连接状况，找出故障。

测量光伏组件串两端的短路电流，应基本符合设计要求，若相差较大，则可能有的组件性能不良，应予以更换。

若光伏组件串联的数目较多时，开路电压将达到 600~700V 甚至更高，测量时要注意安全。

所有光伏组件串都检查合格后，进行光伏组件串并联的检查。在确认所有的光伏组件串的开路电压基本上相同后，方可进行各串的并联。并联后电压基本不变，总的短路电流应约等于各个组件串的短路电流之和。在测量短路电流时，也要注意安全，电流太大时可能跳火花，会造成设备或人身事故。

若有多个子方阵，均按照以上方法检查合格后，方可将各个方阵输出的正负极接入汇流箱或控制器，然后测量方阵总的工作电流和电压等参数。

2. 绝缘电阻的测试

为了了解光伏发电系统各部分的绝缘状态，判断是否可以通电，需要进行绝缘电阻测试。绝缘电阻的测试一般是在光伏发电系统施工安装完毕准备开始运行前、运行过程中的定期检查时以及确定出现故障时进行。

　　绝缘电阻测试主要包括对光伏方阵、直流汇流箱、直流配电柜、交流配电柜以及逆变器系统电路的测试。由于光伏方阵在白天始终有较高电压存在，在进行光伏方阵电路的绝缘电阻测试时，要准备一个能够承受光伏方阵短路电流的开关，先用短路开关将光伏方阵的输出端短路，根据需要选用500V或1000V的绝缘电阻表，然后测量光伏方阵的各输出端子对地间的绝缘电阻，绝缘电阻值应不小于10MΩ，具体测试方法如图4-12所示。当光伏方阵输出端装有防雷器时，测试前要将防雷器的接地线从电路中脱开，测试完毕后再恢复原状。

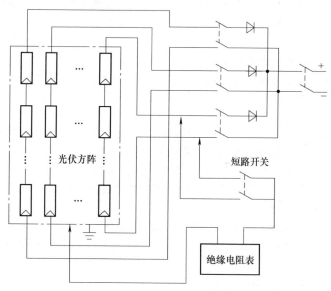

图4-12　光伏方阵绝缘电阻的测试方法示意图

　　逆变器电路的绝缘电阻测试方法如图4-13所示。根据逆变器额定工作电压的不同选择500V或1000V的绝缘电阻表进行测试。

　　逆变器绝缘电阻测试内容主要包括输入电路的绝缘电阻测试和输出电路的绝缘电阻测试。在进行输入和输出电路的绝缘电阻测试时，首先将光伏组串与汇流箱通过开关分离，并分别短路直流输入电路的所有输入端子和交流输出电路的所有输出端子，然后分别测量输入电路与地线

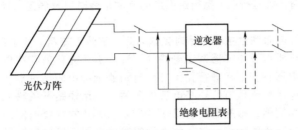

图 4-13　逆变器电路的绝缘电阻测试方法示意图

间的绝缘电阻和输出电路与地线间的绝缘电阻。逆变器的输入、输出绝缘电阻值应不小于 2MΩ。

直流汇流箱、直流配电柜、交流配电柜的绝缘电阻测试方法与逆变器的测试基本相同，其输入、输出引线与箱体外壳的绝缘电阻都应不小于 10MΩ。

3. 绝缘耐电压的测试

对于光伏方阵和逆变器，根据要求有时需要进行绝缘耐电压测试，测量光伏方阵电路和逆变器电路的绝缘耐电压值。测量的条件和方法与上面的绝缘电阻测试相同。

在进行光伏方阵电路的绝缘耐电压测试时，将标准光伏方阵的开路电压作为最大使用电压，对光伏方阵电路加上最大使用电压的 1.5 倍的直流电压或 1 倍的交流电压，测试时间为 10min 左右，检查是否出现绝缘破坏。绝缘耐电压测试时一般要将防雷器等避雷装置取下或者从电路中脱开，然后进行测试。

在对逆变器电路进行绝缘耐电压测试时，测试电压与光伏方阵电路的测试电压相同，测试时间也为 10min，检查逆变器电路是否出现绝缘破坏。

4. 接地电阻的测试

接地电阻一般使用接地电阻计进行测量，接地电阻计还包括一个接地电极引线以及两个辅助电极。接地电阻的测试方法如图 4-14 所示。测试时要使接地电极与两个辅助电极的间隔各为 20m 左右，并成直线排列。将接地电极接在接地电阻计的 E 端子上，辅助电极接在电阻计的 P 端子和 C 端子，即可测出接地电阻值。接地电阻计有手摇式、数字式及钳型式等几种，详细使用方法可参考具体机型的使用说明书。

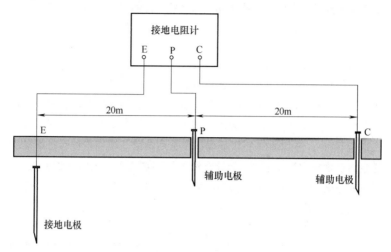

图 4-14 接地电阻测试方法示意图

4.3 光伏电站的调试运行

光伏电站系统经过检查和测试后,就可以进入分段调试和试运行环节,在调试运行的过程中一定要严格按照相关的规范和设计要求及设备技术手册的规定,仔细检查和测试运行各个环节,确保在系统送电前排除所有隐藏的问题,如在调试过程中发现某些设备的实际性能指标与技术手册参数不符时,要及时督促设备厂家采取补救措施或现场更换。调试过程中各个工作环节要注意安全,做到井然有序、一丝不苟。下面以一个 MW 级并网光伏电站的运行调试过程为例,介绍光伏电站的调试运行过程。

4.3.1 光伏电站的并网调试

1. 供电操作顺序

(1) 合闸顺序

合上方阵汇流箱开关→检查直流配电柜所有直流输入电压→检测 35kV 电压供电是否输入→合上箱变低压侧开关→合上逆变器辅助电源开关→合上逆变器直流输入开关→合上直流配电柜输出开关→合上逆变器输出交流开关。

(2) 断电顺序

分断逆变器输出交流开关→分断逆变器直流输入开关→分断直流配

电柜输出开关→分断逆变器辅助电源开关→分断箱变低压侧开关。

2. 送电调试

（1）35kV 高压送电调试（略）

（2）向变压器送电并做冲击试验

当外线高压送至光伏电站高压开关柜且一切正常后，开始向箱式变压器进行送电，做变压器冲击试验。变压器冲击试验做 3 次，第 1 次送电 3min，停 2min，待现场确认一切正常后进行第 2 次冲击试验；第 2 次送电 5min，停 5min，待现场确认正常后做第 3 次冲击试验；第 3 次送电后在现场观察 10min，无异常情况后不再断电，该线路试验完毕。保持变压器空载运行 24h，运行期间变压器应声音均匀、无杂音、无异味、无弧光。

3. 直流系统和逆变系统并网调试

在变压器空载运行 24h 正常后，可以开始直流系统和逆变系统的调试。直流系统和逆变系统的调试按 500kW 一个单元进行，直流系统和逆变系统的送电顺序为：合上该区域所有直流汇流箱的输出断路器→在直流配电柜上依次检查每路汇流箱的直流电压是否正常→合上变压器低压侧断路器→合上逆变器辅助电源开关→合上逆变器直流输入开关→送入一路直流电源对逆变器进行送电测试，试验逆变器直流输入端是否正常→每两路一组送入全部直流电→合上逆变器交流输出开关→逆变器并网送电。

并网运行后，要对逆变器各功能进行检测：

1）自动开关机功能检测：检测逆变器在早晨和晚上的自动启动运行和自动停止运行功能，检查逆变器 MPPT 范围。

2）防孤岛保护检测：逆变器并网发电，断开交流开关，模拟电网停电，查看逆变器当前告警中是否有"孤岛"告警，是否自动启动孤岛保护功能。

3）输出直流分量测试：光伏电站并网运行时，并网逆变器向电网馈送的直流分量不应超过其交流额定值的 0.5%。

4）手动开关机功能检测：通过逆变器"启动/停止"控制开关，检查逆变器手动开关机功能。

5）远方开关机功能检测：通过监控上位机"启动/停止"按钮，

检查逆变器远方开关机功能，看是否能通过监控上位机的"启动/停止"按钮控制逆变器的开关机。

逆变器的转换效率、温度保护功能、并网谐波、输出电压、电压不平衡度、工作噪声、待机功耗等反映逆变器本身质量优劣的各项性能指标可根据需要和现场条件进行测试，在此就不详细叙述了。

4. 监控系统的调试

1）检查监控的信息量正常。

2）遥信遥测直流配电柜上每路的直流输入的电流和电压参数。

3）遥信遥测逆变器上直流电流、电压，交流电流、电压，实时功率，日发电量，累计发电量及频率等参数。

4）遥信遥测箱式变压器的超温报警、超温跳闸、高压刀开关、高压熔断器、低压断路器位置等信号；遥控箱式变压器低压侧低压断路器等有电控操作功能的开关进行远程合、分操作；遥测箱式变压器低压侧三相电流、三相电压、频率、功率因数、有功功率、无功功率等参数。

5）遥测电站环境的温度、风速、风向、辐照度等参数。

4.3.2　并网试运行中各系统的检查

1）检查关口电能表、35kV进线柜电能表工作是否正常。

2）检查监控系统数据采集是否正常。

3）检查箱式变压器、逆变器、直流汇流箱、直流配电柜等运行温度，以及电缆连接处、出线隔离开关触头等关键部位的温度。

4）检查35kV开关柜、110kV变压器、出线设备运行是否正常。

5）在带最大负荷发电条件下，观察设备是否有异常告警、动作等现象。再次检测箱式变压器、逆变器、直流汇流箱、直流配电柜运行温度，以及电缆连接处、出线隔离开关触头等关键部位的温度。

6）检查电站电能质量状况。

① 电压偏差：三相电压的允许偏差为额定电压的±7%，单相电压的允许偏差为额定电压的+7%、-10%。

② 电压不平衡度：不应超过±2%，短时间不得超过±4%。

③ 频率偏差：电网额定频率为50Hz，允许偏差值为±0.5Hz。

④ 功率因数：逆变器输出大于额定值的50%时，平均功率因数应不低于0.9。

⑤ 直流分量：逆变器向电网馈送的直流电流分量不应超过其交流额定值的±1%。

7) 全面核查电站各电压互感器（PT）、电流互感器（CT）的幅值和相位。

8) 全面检查各自动装置、保护装置、测量装置、计量装置、仪表、控制电源系统等装置的工作状况。

9) 全面检查监控系统与各子系统、装置的上传数据。

10) 检查调度通信、传送数据等是否正常。

4.4 光伏电站施工案例

在此介绍一个 MW 级的屋顶光伏电站的施工工程案例，整个工程可分为屋顶基础制作工程、支架结构制作工程、光伏组件安装工程、直流侧电气工程等几个部分。

4.4.1 屋顶基础制作工程

屋顶基础制作工程分为测量定位、钢板预埋、打孔植筋、基础找平、基础浇注与养护和基础防水处理等几个步骤。

1. 测量定位

屋顶光伏电站的基础施工，根据屋顶结构，要采取预埋件法和混凝土配重块法相结合的基础制作方式，基本原则是在有房梁的部位进行基础钢板预埋，无房梁的部位制作可移动的混凝土配重块。测量定位就是要结合屋顶结构图纸，通过测量确定房梁位置，划出基础预埋件位置，并对施工部位的防水层进行切割，具体步骤如图 4-15 和图 4-16 所示。

图 4-15　基础中心确定　　　图 4-16　屋顶防水层切割

2. 钢板预埋件制作

钢板预埋件有两种，如图 4-17 和图 4-18 所示。一种是用于屋顶固定基础的钢板预埋件，其钢筋要植入房梁上提前打好的植入孔中；另一种是要预埋到屋顶移动基础的钢筋混凝土基础块中。用于制作基础的钢筋网片如图 4-19 所示。

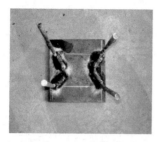
图 4-17 固定基础用钢板预埋件

图 4-18 移动基础用钢板预埋件

3. 打孔植筋

打孔植筋就是在切割了防水层的部位，按照要求间距和深度，打 4 个略大于预埋件钢筋直径的孔，例如 ϕ8mm 钢筋，可以打 ϕ10mm 的孔。打好的孔要用气泵把孔里的灰尘吹干净，如图 4-20 所示。

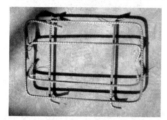
图 4-19 基础用钢筋网片

图 4-20 打好的植筋孔

用植筋枪把植筋胶注入植筋孔内，如图 4-21 所示，注入量和洞口平齐。植筋前需要将植入的钢筋用钢丝刷除锈，待预埋件植入后，在孔洞口再补注一定量的胶，以保证植筋强度，如图 4-22 所示。植筋后的钢板钢筋要按要求进行养护，养护期间不要进行其他作业。

图 4-21 把植筋胶注入植筋孔中

图 4-22 植入钢筋的预埋件

4. 基础找平

基础预埋钢板养护结束后，要进行基础找平，使各基础统一与屋面平行，对地标高一致。东西、南北方向所有基础钢板都要矫正在同一平面上。

5. 基础浇注

基础浇注的工艺流程分为架设模板、制作混凝土、基础浇注、基础表面处理和基础养护几个步骤。

首先按照基础预定规格尺寸做好浇注用模板，将做好的模板架设于植筋好的预埋件外围，如图 4-23 所示，保证每排模板上下边都在一条直线上。

图 4-23　架设好的基础模板　　　　图 4-24　浇注完成的基础

浇注用混凝土按要求比例配置成 C25 混凝土，基础浇注前，在植筋好的基础屋面处用水泥浆均匀刷一遍。将搅拌均匀的混凝土用小桶运至架设好的模板处，将其用小泥铲先铲入少量混凝土在屋面上捣平，加一层钢筋网片再加入混凝土后，用小振荡器将混凝土捣实，然后再加一层钢筋网片后倒入混凝土捣实，直至与预埋铁板平齐为止。浇筑好的基础表面用泥铲抹平，将预埋钢板上的泥浆铲干净，浇注完成的基础如图 4-24所示。基础浇注完成后要进行基础表面处理，待拆模后将基础表面用水泥和固化胶配制好涂刷一遍，保证基础表面平整、光滑、美观，制作好的基础如图 4-25 和图 4-26 所示。

图 4-25　制作好的固定基础　　　　图 4-26　制作好的移动基础

6. 基础防水处理

1）清洁基础表面及四周。用小泥铲将基础表面及四周多余的混凝土铲除，同时用毛刷将基础表面及四周扫干净。

2）进行基础表面找平。用水泥与黏合剂配合（3∶0.6）搅匀，将基础表面涂刷找平，经找平后的基础表面光滑、整洁，为后续涂刮防水涂料做好准备，经过找平处理的基础如图 4-27 所示。

图 4-27 处理找平的基础

3）确定基础底座涂刷范围。用白纸胶带将基础底座四周涂刷防水层的范围标识出来，确保基础防水材料涂刷范围一致、整齐美观。

4）涂刮防水层。将防水涂料盛于塑料小桶内，用刮板将其均匀的涂刮到基础表面及四周，与屋面原有防水卷材搭接处涂刷要满足设计要求，涂层厚度为 3mm。经过防水处理的基础如图 4-28 所示。

图 4-28 经过防水处理后的基础

4.4.2 支架结构制作工程

支架结构制作的主要内容有槽钢、角钢、角支撑定位与焊接，焊缝防锈处理，结构件拼装。

1. 槽钢、角钢定位

根据施工图将槽钢、角钢的具体位置用油性笔标出，并确定其开口方向。先使槽钢与基础钢板焊接定位，如图 4-29 所示。

2. 槽钢、角钢、加强肋焊接

依据施工图要求，对槽钢、角钢、加强肋进行焊接固定，如图 4-30 所示。焊缝的长度与堆焊厚度满足设计要求和施工规范。

图 4-29　槽钢与基础钢板焊接定位　图 4-30　槽钢、角钢等结构件的焊接

3. 防锈处理

将焊接后的焊缝用工具将焊渣敲掉，先涂刷防锈红丹底漆一遍，接着再涂刷一层防锈银粉漆进行美化处理。对在焊接过程中破坏的槽钢、角钢的镀锌防锈层也要涂刷一层银粉漆进行防锈处理，如图 4-31 和图 4-32 所示。

图 4-31　涂刷红丹底漆防锈处理　图 4-32　焊缝涂刷银粉漆防锈处理

4. 结构件拼装

(1) 角支撑拼装、紧固

将所有角支撑结构件进行拼装、调平和紧固，如图 4-33 所示。

对支撑结构件预紧后检查整个方阵机架是否存在明显变形，对变形处及时进行校正。然后将每列纵向后支撑用水平尺找平，每列角支撑用白线拉直将其调整到一条线上。使整个方阵角支撑、后支撑纵向一条线，横向一个面。

图 4-33　角支撑的拼装紧固

（2）铝横梁的拼装、调平

根据方阵尺寸要求将铝横梁拼装到主支撑上，并用螺栓将其预紧，铝横梁端头连接处用专门的连接片连接，保证方阵一端留齐 5cm，将多余的长度留置方阵另一端，以便后续断齐处理。将拼装好预紧的铝横梁用白线带直，将不平的地方调平。再用水平尺将安装组件的铝横梁面调平至一个平面上，如图 4-34 所示。调平后的铝横梁要再次进行紧固。

图 4-34　拼装后的铝横梁

4.4.3　光伏组件安装工程

组件安装工程包括：组件装卸、存储、吊装，组件拆箱、搬运、安装、调平、紧固等工序。

准备安装的组件要规整的堆放在施工现场材料成品库指定位置，组件包装托盘在堆放时要留适当间隙，以便装卸并能在托盘间进行巡检和点数作业，如图 4-35 所示。

吊装组件前需做好吊装方案，吊至施工屋面的组件需将其暂时分散堆放到屋面的结构梁上，在不影响屋面载荷的情况下进行吊装作业，如图 4-36 所示。

组件拆箱后，单块组件搬运、固定时，不得由一人单独操作，应由两人配合进行，防止磕、碰、划伤组件，以确保组件的安全。组件安装前，先将每排固定组件所需的不锈钢螺栓滑进铝横梁凹槽内。将组件放到支架上后，一人扶住组件以防滑落，另一人则由上往下用螺母把组件固定在支架上，预紧螺栓，如图4-37所示。

图 4-35　组件的存储

图 4-36　组件的吊装

将组件调平调直，同时应确保组件横向间隙为20mm。使各行各列之间横平竖直。调平时，组件与铝横梁不平的地方应用金属片将其垫平。安装完成后的组件方阵如图4-38所示。

图 4-37　组件的搬运、安装

图 4-38　安装、调平后的组件方阵

4.4.4　直流侧电气工程

直流侧电气工程包括屋面主桥架安装、汇流箱安装、直流侧线缆铺设、汇流接线、线缆连接器压接、组串电压测试、组件边框接地连接等工序。

1. 屋面主桥架安装、敷设

屋面桥架安装时，需先将桥架安装所需的支架安装固定，使用5#普通小槽钢根据现场实际情况预制好材料（断料、焊接、刷防锈银粉漆），在屋面支架安装处应先用墨线定位（水平支架间距为1.5~3m，垂直支架间距小于2m），使用膨胀螺栓打入支架固定处，将做好的支架固定于墙面上，将固定好的支架调平。

将桥架敷设于已安装好的支架上，桥架连接处用连接板和专用固定螺栓连接固定,跨接处同时应有六角头螺栓用跨接编织带进行接地。将连好的桥架调平调直后用自攻螺钉将其与支架固定,并将桥架内施工时产生的垃圾用扫帚清扫干净。桥架弯头、爬坡和下坡处加工时的切割边要用角磨机打磨平滑,以防划伤线缆。桥架螺栓拧紧后切口须喷防锈镍铬银粉漆做防锈处理,以免切口处生锈。安装后的桥架各部位如图4-39所示。

图 4-39　安装后的桥架各部位示意图

2. 汇流箱安装

汇流箱的安装位置应严格按照图样要求选择。汇流箱安装固定时需注意上端与电池组件的间距。

汇流箱安装时,施工人员应戴好干净手套,保证施工结束箱体的洁净度。安装过程中不应损坏箱体表面及内部结构。汇流箱安装过程如图4-40所示。

图 4-40　汇流箱的安装过程

3. 直流侧线缆敷设

线缆敷设前根据线缆盘的尺寸、重量,设置好线缆架,将放盘的中轴处抹上一定量的黄油润滑,以便于转动。直流侧线缆为小线,盘不大,可多人一起用力将线缆盘架设至线缆架上。线缆盘架设如图4-41所示。

线缆敷设前,应将桥架内清扫干净。在桥架端口处垫上一层布料防止线缆划伤。放线缆时，线缆盘处应有一人松盘，其余人应随松盘人的节奏拉动线缆至接线处。将放到位的线缆用断线钳断掉，线缆端头用电工胶带包起来，同时在端头处贴好线缆标识牌。将放到位的线缆梳理排列整齐，该绑扎的地方用扎带绑好，倾斜敷设的线缆每隔2m处设固定点。水平敷设的线缆，首尾两端、转弯两侧及每隔5～10m处设固定点。敷设于垂直桥架内的线缆固定点间距应不大于2m。敷设整理好的线缆如图4-42所示。

图 4-41　线缆盘架设　　　　图 4-42　桥架内线缆整理

4. 汇流接线、线缆连接器压接

接线前，要将线缆头梳理整齐，按照接线需要将线缆切齐。线头剥线时，长度按接线孔的深度进行剥线，不宜剥线过长而露出铜线。

压接线缆连接器的线缆线头剥线长度要与连接器压线护套长度一致，不能过长，剥好的线头要进行上锡处理，如图4-43和图4-44所示。

图 4-43　线缆接头剥线　　　　图 4-44　线缆接头上锡

压线前将每路线头上好码管，将上好锡的线缆压接到汇流箱端子排上，连接器戴好外护套，如图4-45和图4-46所示。

5. 组串电压测试

测试组串电压前，要先对万用表进行检查，看表笔是否完好。由于组串直流电压较高，因此要根据组串整串电压的高低将万用表测试档放在直流电压 500V 或 1000V 档进行测试。

图 4-45　汇流箱线缆连接固定　　图 4-46　线缆连接器压接制作

在汇流箱接线端子逐对进行测试，表笔正负极——对应汇流箱相应组串的正负极。如图 4-47 所示。如果某组串测试数据异常，应对该组串各连接器插头进行排查，必要时要逐个检查该组串的各电池组件和线路。故障排除测试完毕后，可将线缆桥架端口封堵，并上好桥架的上盖板。

图 4-47　组串电压测试

6. 组件边框接地连接

组件边框接地连接用扁铁或专用接地线，组件边框一般都有接地线固定孔。连接时将焊接好的扁铁用自攻螺钉与组件接地孔对接，如图 4-48所示，施工中要注意电钻力度和方向以免损坏组件。

每排方阵的接地扁铁与组件连接安装结束后，将扁铁两头弯回与支架槽钢焊接在一起，使整个方阵组件和基础结构件连接成一个整体。

使用扁铁将屋面每个方阵的四角与屋顶避雷网搭接在一起，并牢固焊接，如图 4-49 所示，使屋顶所有方阵与避雷网多点连接焊接在一起，保证良好的防雷接地效果。图 4-50 所示为几种支架接地连接方法示意图。

用接地电阻测试仪对选取的测试点进行测试，如图 4-51 所示，以保证接地电阻符合要求。

图 4-48　组件与接地扁铁连接　　图 4-49　接地扁铁与避雷网焊接

图 4-50　支架接地连接方法示意图

图 4-51　接地电阻的测试

4.5　光伏电站施工安全作业

在光伏电站的安装施工和检查调试全过程中，安全作业是贯穿始终的工作，真正树立安全第一的思想，确保施工过程中的人身安全，谨防事故发生，是每个施工人员的首要责任。因此，光伏电站的安装施工和现场管理人员都要严格遵守安全操作规范和各项规章制度，做到规范施工、安全作业，保持清洁和有序的施工现场，配备合理的安全防护用品。对安装施工人员要进行专业技术培训，并在专业工程技术人员的现场指导和参与下进行作业。

4.5.1 施工现场常见安全危害及防护

光伏电站的施工现场和其他工程的施工现场一样，也存在着许多的不安全因素，包含许多带电的和非电的危险，多人同现场操作等。光伏电站系统工程绝大多数是在户外、野外或屋顶施工，当进行光伏发电系统的安装及检测操作时，要随时警惕可能发生的潜在的物理、电气及化学方面的危害，例如太阳暴晒、昆虫和蛇咬、撞击、扭伤、坠落、灼伤、触电、烫伤等，下面一一列举。

1. 常见安全危害

（1）物理危害

在户外对光伏发电系统进行操作时，通常是用手或者电动工具对电气设备进行操作，在有些系统中，还需要对蓄电池进行相关的操作，操作中稍有不慎，就可能给操作者造成灼伤、电击等物理危害。因此，正确安全的使用工具并进行必要的防护措施是非常重要的。

（2）阳光辐射

光伏发电系统都安装在阳光充足、没有阴影的地方，因此长时间在烈日下进行施工作业，一定要戴上遮阳帽，并涂抹防晒霜，以保护自己不被烈日灼伤。天气炎热时，要大量饮水，每工作一个小时在阴凉处休息几分钟。

（3）昆虫、蛇及其他动物

马蜂、蜘蛛及其他昆虫经常会在接线箱、光伏方阵的外框及其他光伏系统的保护壳中栖息，某些偏远的野外，蛇也免不了出没。同样，蚂蚁也不会闲着，也会在光伏方阵基础或蓄电池箱周围栖息。因此，在打开接线箱或其他设备外壳时，需要做好一定的防备措施。在到光伏方阵下面或背后工作之前，需要仔细观察周围的环境，以免意外状况的发生。

（4）切伤、撞击与扭伤

许多光伏系统的零部件都有锋利的边角，稍不注意就有可能发生伤害。这些零部件包括光伏组件的铝合金边框、接线箱外壳翻边、螺栓螺母毛刺、支架边缘毛刺等。特别是进行有关金属的钻孔与锯切时，一定要戴上防护手套。另外，在低矮的光伏方阵或系统设备下进行作业时，一定要戴好安全帽，以防一不留神撞伤脑袋。

在搬运蓄电池、光伏组件及其他光伏设备时，要注意用力均匀，或者两人一起搬运，防止用力过猛而扭伤。

(5) 热灼伤

光伏方阵在夏季的阳光下，其玻璃表面或铝合金边框等处的温度会达到80℃以上，是比较高的。为确保安全，防止皮肤被灼伤，在夏季对光伏系统进行操作时一定要戴好防护手套，尽量避开发热部位。

(6) 电气伤害

电击可以导致人员的烧伤或休克，造成肌肉收缩或外伤，甚至死亡。如果流经人体的电流大于0.02A，便会对人体造成伤害，电压越高，流经人体的电流越大。因此，不管是直流电还是交流电，光伏电还是电网电，只要有一定的电压，就会造成伤害。虽然单块光伏组件的输出电压没有多高，但十几块组件串联起来输出电压就了不得了，往往比逆变器输出的交流电压还要高。操作时为避免电击伤害，一是要确保切断相关电源；二是尽量使用钳形电流表进行线路电流的测试；三是戴上绝缘手套。

(7) 化学危害

离网光伏发电系统往往使用蓄电池作为储能系统，最常见的蓄电池是铅酸蓄电池。铅酸蓄电池使用硫酸作为电解液，硫酸具有很强的腐蚀性，它可能会在操作过程中发生泄漏或在充电过程中产生喷洒。如果接触到身体裸露的地方，皮肤便会被化学烧伤。另外眼睛也是特别容易被伤害到的，衣服也往往会被烧出洞。尽管密封性铅酸蓄电池发生电解液泄漏的事情比较少，但还是要防万一。

另外，蓄电池在充电过程中会排放出少量氢气，氢气是可燃气体，当氢气积聚到一定浓度时遇明火、电火花时极易发生爆炸或火灾。因此蓄电池放置场所要保持通风良好，避免可燃气体的积聚，避免爆炸或火灾事故发生对人员造成的伤害。

2. 安全防护

施工现场的安全防护，不仅要保护好自己，还要保护好一起施工和操作的周围伙伴，首先是要各自穿戴好防护用品，还要在工作当中互相关照、提醒、协作，并且每个施工人员都要保持一定的警觉，切不可麻痹大意。需要两个人一起操作的事情，或者需要双人在场的工作，不要单独行事，不要为省时省钱而降低用人成本，因为没有比保证人身安全更重要的，安全就是最大的节约。

常用的安全防护用品有安全帽、防护眼镜、手套、鞋子、防护围裙、安全带等。

安全帽主要是保护脑袋不被撞伤或坠落物砸伤。

防护眼镜有两个作用，一个是保护眼睛不受强烈阳光的刺激，二是进行蓄电池系统的安装维护操作时，防止酸液溅入。

手套分好多种，不同的工作内容要选择不同的手套。进行安装操作可以选用线手套；搬动有锐角或毛刺的金属类物件，可以选择帆布手套；进行蓄电池维护操作要选择橡胶耐酸手套；进行电气检测要选择高压绝缘手套等。当然也可以选择优质的全功能手套进行操作。

鞋子的选择取决于工作场合和环境，如果光伏施工现场是新建的工业环境，最好选择穿硬头劳保皮鞋；如果是地面或山地环境，最好选择标准工作鞋或登山鞋；如果是在屋顶作业，最好选择胶底工作鞋。

防护围裙是在对蓄电池进行操作时需要配备的。

安全带是在屋顶、梯子等环境下进行作业需要配备的。

4.5.2 施工现场安全作业指导

1. 工具使用安全

在光伏电站施工现场，会使用到很多工具，所以，为了保证操作者本人和现场其他工作人员的安全，一定要保证这些工具得到妥善的保管和正确的使用，有些工具的安全装置绝对不能因为嫌碍事而随意拆掉，例如切割锯的锯片防护罩等。在屋顶（特别是斜面屋顶）操作时，要准备合适的工具包来随时收纳工具或选择一个合适的平台来集中存放工具，防止工具从屋顶滑落发生事故。

梯子是安装屋顶光伏的重要工具，在使用直梯或伸缩梯上屋顶时，要注意正确安放。如果梯子放的太陡，梯子顶部就有从屋顶翻落下来的危险。如果放的太斜，梯子底部又会滑动。因此梯子使用除了安放角度要合适以外，还要想办法将梯子底部固定，或者在使用时有人在底部将梯子把住。

2. 屋顶作业安全

屋顶应该是光伏发电系统安装操作最危险的场所，操作人员只要踏上屋顶，就会处于各种可能的危险之中。对于一些轻薄的屋顶，可能存在被踩塌的危险，在屋顶边缘操作有跌落的危险，两个人一起操作，例如抬一块大的光伏组件存在顾前不顾后的危险等，所以在屋顶操作要做好跌落防护措施，安全带的使用必不可少。必要时，光伏方阵之间还需要留出50cm左右宽度的步行通道，以方便安装检测和维修操作。

另外在屋顶作业时，还要注意屋顶是否有架空的电源线，特别是安放和使用金属梯子时，或在梯子上操作时，要注意往上看，防止触碰到电线，如果是高压电缆，要注意留有安全距离，对于交流380V电缆应≥30cm；对于交流10kV电缆应≥1.5m。

3. 电气作业安全

光伏发电系统的安装操作过程中，存在直流电、交流电等多种电源，有电就会有电击的危险。特别是一些刚开始接触光伏系统的操作人员，往往认为光伏组件发出的电压不高，不像220V交流电一样会对人体造成伤害。其实单块光伏组件的正常输出直流电压已经在30V安全电压的边缘了，当多块光伏组件串联起来后，其直流输出电压往往在几百伏以上，其威力远远超过家庭供电的220/380V交流电压，所以在光伏发电系统进行电气设备连接操作时，要时刻注意被电击的可能。

（1）电气操作安全

光伏组件安装完毕，只要有阳光，就会输出直流电压，为避免被电击，一定要最后插接组件输出引线到汇流箱，不使汇流箱过早带电，影响汇流箱内的其他作业。当需要在汇流箱内进行电气测量时，一定要戴上绝缘手套。在直流配电柜、交流汇流箱、交流配电柜进行接线操作时，如果配电箱带电，就会有触碰到带电线路的风险，所以，操作时一定要切断前端电源，以避免危险。特别是多个逆变器并联输出的交流电路，要保证该回路上所有的逆变器都不输出电流。

（2）遵守连线顺序

在光伏组件的安装过程中，通常都是十几块组件构成一个组串，组件与组件之间都是串联连接，在线缆连接时，正确的顺序应该是，先连接组件与组件之间的连接器插头，例如，第1块组件的正极接头与第2块组件的负极接头连接，第2块组件的正极接头与第3块组件的负极接头连接，以此类推，当整个组串连接起来后，第1块组件的负极接头和最后一块组件的正极接头要连接到逆变器或者汇流箱，就需要铺设1根归巢电缆，这根电缆的一端有快接插头，可以与组件的快接插头连接，另一端是裸露线，需要与逆变器或汇流箱的相应端子连接，这时就需要讲究一下线缆连接顺序，正确的做法是，先把归巢电缆的裸露端与相应端子连接牢固后，再把另一端的快接插头与组件相连，这样才能保证安全，减少电击危险。现在有一部分逆变器或者汇流箱已经将接线端子改成了快接插头，并将快接插头安装在机箱箱体下端，对于这种结构，要使用两端都有快接插头的归巢电缆，连接线路时，就不用讲究连线顺序了。

为保证整个系统的无电操作，归巢电缆的连接要放在最后进行。也就是说，当把逆变器、汇流箱等所有设备线路连接完毕，元器件安装到位之后，断开设备隔离开关，最后连接各组串的归巢电缆。

在整个系统的安装连线过程中，同样要遵循这个顺序，首先要进行系统端部不带电部分的接线，然后向系统有电压源的部分作业。对于并网系统，要从逆变器到电网的顺序作业，对于离网系统或带蓄电池的并网系统，要从逆变器向蓄电池组方向作业。作业过程中要保证一直断开逆变器、汇流箱和配电柜等内的断路器、隔离开关等，这样才能保证在各种箱体内操作、接线等不会发生危险。

4.6　光伏电站的工程验收

4.6.1　光伏电站的第三方验收

光伏电站及其系统项目的验收分为居民项目和非居民项目两类，项目验收一般由政府主管部门组织安排，项目单位或用户配合，成立验收专家小组负责执行。其中项目单位的组成，对于非居民项目，要由项目投资方、设计方、施工方、监理方、运维方和屋顶业主单位各派代表共同参加。对于居民项目，要由项目投资方、实施方、运维方和屋顶业主各派代表共同参加。

验收专家小组至少由3名成员组成，原则上应邀请电网公司参加。小组成员应是涵盖光伏系统、电气及接入、土建安装和运维等领域的工程技术人员，验收组长应由所有成员共同选出，负责主持项目验收。

1. 验收流程

1）验收小组首先要听取项目单位的项目汇报，并检查项目是否符合前置要求，此后对项目进行实地检查及资料审查，针对验收中存在的问题与项目单位逐一确认后，形成书面验收意见。

2）实地检查和资料审查中，验收小组应对所有必查项逐条检查，如不符合相应要求，则验收结论为不合格。

①项目中列出的检查项，除非特别标注，均为必查项；②不合格的必查项应在验收意见中明确列出，并提出整改意见，对于无法整改的给予事实披露。

3）实地检查和资料审查中，验收小组如发现实施到位符合要求的加分项，应在验收结论中明确列出，并给出特点说明。

4）书面验收意见应有验收小组全体成员签字。

2. 非居民项目验收

（1）非居民项目的前置要求

验收小组若发现项目存在以下情况，则对该项目不予验收。

①临时建筑。②有甲类、乙类火灾危险性的生产企业建筑和有火灾危险性储存物品的仓储建筑。③有大量粉尘、热量、腐蚀气体、油烟等影响的建筑。④屋面整体朝阴或屋面大部分受到遮挡影响的建筑。⑤与

屋顶业主因项目质量存在纠纷的项目。⑥其他根据相关标准规定不能安装屋顶分布式光伏发电项目的建筑。

（2）支架基础及与屋面结合的验收

光伏支架的混凝土基础、屋顶混凝土结构块或配重块及砌体应符合下列要求：

①基础外表应无严重的裂缝、蜂窝麻面、孔洞、露筋等情况。②所用混凝土的强度要符合设计规范要求。③砌筑整齐平整，无明显歪斜、前后错位和高低错位。④与原建（构）筑物的连接应牢固可靠，连接处已经做好防腐和防水处理，屋顶防水结构未见明显受损。⑤配电箱、逆变器等设备壁挂安装于墙体时，墙体结构荷载需满足要求。⑥如采用结构胶粘结地脚螺栓，连接处应牢固无松动。⑦预埋地脚螺栓和预埋件螺母、垫圈三者要匹配配套，预埋地脚螺栓的螺纹和螺母完好无损，安装平整、牢固、无松动，防腐处理要符合规范。⑧屋面保持清洁完整，无积水、油污、杂物，有通道、楼梯的平台处无杂物阻塞。

（3）光伏组件与方阵支架的验收

①光伏组件的标签要与认证证书保持一致。②光伏组件的安装要按照设计图纸进行，组件方阵与方阵位置、连接数量和路径应符合设计要求。③组件方阵要平整美观，整个方阵平面和边缘无波浪形。④光伏组件不得出现破碎、开裂、弯曲或外表面脱附，包括上层、下层、边框和接线盒。⑤光伏连接器外观完好，表面不得出现严重破损裂纹；接头压接规范，固定牢固，不得出现自然垂地的现象，不得放置于积水区域；不得使用两种不同厂家的光伏连接器进行连接。

方阵支架应符合下列要求：

①外观及防腐涂镀层完好，不得出现明显受损情况。②采用紧固件的支架，紧固应牢固，不得出现抱箍松动和弹垫未压平现象。③支架安装整齐，不得出现明显错位、偏移和歪斜。④支架及紧固件材料防腐处理符合规范要求。

（4）线缆连接铺设的验收

①光伏线缆要外观完好、表面无破损、重要标识无模糊脱落现象。②连接电缆两端应设置规格统一的标识牌，字迹清晰、不褪色。③线缆铺设应排列整齐和固定牢固，采取保护措施，不得出现自然下垂现象；电缆原则上不应直接暴露在阳光下，应采取桥架、管线等防护措施或使用耐辐射型线缆。④单芯交流电缆的敷设应严格符合相关规范要求，以避免产生涡流现象，严禁单独敷设在金属管或桥架内。⑤双

拼和多拼电缆的敷设应严格保证路径同程、电气参数一致。⑥电缆穿越隔墙的孔洞间隙处，均应采用防火材料封堵。各类配电设备进出口处均应保证密封性好。⑦使用桥架与线管时要做到布置整齐美观，转弯半径符合规范要求。桥架、管线与支撑架连接牢固无松动，支撑件排列均匀、连接牢固稳定。⑧屋顶和引下桥架盖板应采取加固措施。桥架与管线及连接固定位置的防腐处理符合规范要求，不得出现明显锈蚀情况。⑨屋顶管线不得采用普通 PVC 管作线管。

(5) 汇流箱的验收

①汇流箱箱体外观完好，无变形、破损迹象。箱门表面标志清晰，无明显划痕、掉漆等现象。②应在箱体显要位置设置铭牌、编号、高压警告标识，不得出现脱落和褪色。③箱体门内侧应有接线示意图，接线处应有明显的规格统一的标识牌，字迹清晰、不褪色。④箱体安装应牢固可靠，且不得遮挡组件，不得安装在易积水处或易燃易爆环境中。⑤箱内接线应牢固可靠，压接导线不得出现裸露部分。⑥箱门及电缆孔洞密封严密，雨水不得进入箱体内；未使用的穿线孔洞应用防火泥封堵。⑦有阳光照射位置，箱体外要有遮阳棚等防晒措施。

(6) 光伏逆变器的验收

①逆变器应外观完好，不得出现外观变形和损坏，无明显划痕、掉漆等现象。②应在箱体显要位置设置铭牌，型号与设计一致，清晰标明负载的连接点和直流侧极性；应有安全警示标志。③有独立风道的逆变器，进风口与出风口不得有物体堵塞，散热风扇工作应正常。④所接线缆应有规格统一的标识牌，字迹清晰、不褪色。⑤逆变器的安装位置应在通风处，附近无发热源，且不得安装在易积水处和易燃易爆环境中。⑥落地现场安装要牢固可靠，安装固定处无裂痕。壁挂安装要与安装支架的连接牢固可靠，不得出现明显歪斜，不得影响墙体自身结构和功能。⑦逆变器连接接线应牢固可靠。接头端子应完好无破损，未接的端子应安装密封盖。

(7) 防雷与接地装置的验收

①接地干线应在不同的两点及以上与接地网连接或与原有建筑屋顶防雷接地网连接。②接地干线（网）连接、接地干线（网）与屋顶建筑防雷接地网的连接应牢固可靠。铝型材连接需刺破外层氧化膜；当采用焊接连接时，焊接质量要符合要求，不应出现错位、平行和扭曲等现象，焊接点应做好防腐处理。③带边框的组件、所有支架、电缆的金属外皮、金属保护管线、桥架、电气设备箱体导电部分应与接地干线（网）牢固连接，并对连接处做好防腐处理措施。④接地线不

应做其他用途。

（8）环境监控装置的验收

①环境监控仪安装无遮挡并可靠接地，牢固无松动。②敷设线缆整齐美观、外皮无损伤、线间距均匀。③终端数据与逆变器、汇流箱数据一致，参数显示清晰，数据不得出现明显异常。④数据采集装置和电参数监测设备宜有防护装置。

（9）巡检通道与水清洁系统的验收

①屋顶应设置安全便利的上下屋面检修通道。光伏阵列区应有设置合理的日常巡检通道，便于组件更换和冲洗。②巡检通道部位要设置屋面保护措施，以防止巡检人员由于频繁踩踏而破坏屋面。③光伏方阵的水清洁系统用水接自市政自来水管网时，应采取防倒流污染隔断措施。④清洁系统管道安装牢固、标示明显，无漏水、渗水等现象发生，水压符合要求。⑤保温层安装正确，外层清洁整齐、无破损。⑥出水阀门安装牢固、启闭灵活、无漏水渗水现象发生。

（10）电气配电室的验收

①配电室室内应整洁干净并有通风或空调设施，室内环境应满足设备正常运行和运检要求。②室内应挂设值班制度、运维制度和光伏系统一次模拟图。③室内应在明显位置设置灭火器等消防用具且标识正确、清晰。④柜、台、箱、盘应合理布置，并设有安全间距。⑤室内安装的逆变器应保持干燥，通风散热良好，并做好防鼠措施。逆变器散热风道应具有防雨防虫措施，不得有物体遮挡封堵。⑥柜、台、箱、盘的电缆进出口应采用防火封堵措施。⑦室内要设置接地干线，电气设备外壳、基础槽钢和需接地的装置应与接地干线可靠连接。⑧装有电器的可开启门和金属框架的接地端子间，应选用截面积不小于 $4m^2$ 的黄绿色绝缘铜芯软导线连接，导线应有标识。⑨电缆沟盖板应安装平整，并网开关柜应设双电源标识。

对预装式（箱式）配电室还应符合下列要求：

①预装式（箱式）配电室原则上应安装在室外地面，其防护等级要满足室外运行要求和当地环境要求。②预装式（箱式）配电室基础应高于室外地坪，周围排水要通畅。③预装式（箱式）配电室表面要设置统一的标识牌，字迹清晰、不褪色，外观完好，无形变破损。④预装式（箱式）配电室内部若带有高压设施和设备，均应有高压警告标识。⑤预装式（箱式）配电室或箱体的井门盖、窗和通风口需有完善的防尘、防虫、通风设施，以及防小动物进入和防渗漏雨水设施。⑥预装式（箱式）配电室和门应可完全打开，灭火器应放置在门附近，并

方便拿取。⑦配电室室内设备应安装完好，检测报警系统完善，内门上附电气接线图和出厂试验报告等。⑧配电室外壳及内部的设施和电气设备中的屏蔽线应可靠接地。

（11）光伏电站集中监控室的验收

①电站运行状态及发电数据应具备远程可视功能，可通过网页或手机远程查看电站运行状态及发电数据。②能显示电站当日发电量、累计发电量和发电功率等信息，并支持历史数据查询和报表生成功能。③显示信息还应包含汇流箱直流电流、直流电压、逆变器直流侧、交流侧电压电流，配电柜交流电流、交流电压和电气一次图。④显示信息还应包含太阳辐射、环境温度、组件温度、风速、风向等，并支持历史数据查询和报表生成等功能。⑤监控室内设备通风良好，并挂设运维制度和光伏系统一次模拟图。⑥室内监控设备运行正常，并有日常巡检记录。⑦监控室要设有专职运维作业人员，熟悉项目每日发电情况，并佩戴上岗证。

3. 具体资料审查

非居民屋顶分布式光伏发电项目的资料审查各项内容见表4-2。

表4-2 非居民屋顶分布式光伏发电项目资料审查表

类型：必查项目

验收资料	380V及以下并网	10kV及以上并网	资料要求
项目验收申请及项目信息一览表	√	√	信息清晰、完整
项目备案文件	√	√	真实、完整，与项目实际匹配一致
电力并网验收意见单	√	√	通过电网验收
并网前单位工程调试报告（记录）	√	√	由建设单位提供，其中光伏并网系统调试检查表中的各个检查项目应都符合要求
并网前单位工程验收报告（记录）	√	√	由建设单位提供，包括内部验收专家组及专家组出具的"单位工程验收意见书"

（续）

类型：必查项目			
验收资料	380V及以下并网	10kV及以上并网	资料要求
房屋（建构筑物）安装光伏后的载荷安全计算书（双梯板屋面和金属屋面）/载荷安全说明资料（混凝土屋面）	√	√	安全计算书计算完整；安全说明资料逻辑清晰。最后结论：载荷安全，可安装
各专业竣工图纸	√	√	应包含以下专业：土建工程（混凝土部分、砌体部分、支架结构图）、安装工程（电气一次、二次图样、防雷与接地图样、光伏布置图、给排水图样）、安全防范工程、消防工程等
设计单位营业执照及资质证书	√	√	应具备住建部门颁发的《电力行业（新能源发电）设计资质证书》或《工程设计综合甲级资质证书》
施工单位营业执照、资质证书及竣工报告	√	√	应具备住建部门颁发的《电力工程施工总承包资质证书》或《机电安装工程施工总承包资质证书》以及电监会/能源局颁发的《承装（修试）电力设施许可证》
监理单位营业执照、资质证书及项目总结报告和质量评估报告		√	应具备住建部门颁发的《电力工程监理资质证书》《机电安装工程监理资质证书》《房屋建筑工程监理资质证书》或《工程监理综合资质证书》
如采用结构胶粘接地脚螺栓，需提供拉拔试验的正式试验报告	√	√	测试数据应符合设计要求

（续）

类型：必查项目			
验 收 资 料	380V 及以下并网	10kV 及以上并网	资 料 要 求
运行维护及其安全管理制度	√	√	清晰完整
运维人员接受培训记录	√	√	需组织过专业人员培训
接地电阻检测报告	√	√	建设单位提供，符合设计要求
主要设备材料认证证书或质检报告	√	√	由建设单位提供，必须出具以下产品的证书或者报告，并要求产品与现场使用情况必须一致： 1. 组件、逆变器、光伏连接器：需出具由国家认监委认可的认证机构提供的产品认证报告（通常为 CQC、金太阳、TUV、UL、CCC 或领跑者认证报告）； 2. 断路器和电缆：CCC 认证； 3. 光伏专用直流电缆：CQC、TUV 或 UL 认证报告； 4. 现场如有汇流箱、变压器、箱变，也应提供有资质的第三方检测机构出具的认证证书或质检报告
类型：备查项目			
设计交底及变更记录	√	√	建设单位提供
接入系统方案确认书	√		电网确认受理项目接入系统申请并制定初步接入方案
接入电网意见函		√	电网同意项目接入电网，双方确认接入方案
购售电合同	√	√	严格执行审查会签制度，合规合法
并网调度协议		√	项目公司与电网共同签订

（续）

类型：备查项目			
验 收 资 料	380V 及以下并网	10kV 及以上并网	资 料 要 求
分项工程质量验收记录及评定资料（含土建及电气）	√	√	完整齐备，施工单位自行检查评定合格，监理验收合格
分部（子分部）工程质量验收记录及评定资料（含土建及电气）	√	√	完整齐备，监理验收合格
隐蔽工程验收记录（含土建、安装）	√	√	完整齐备，施工单位自行检查，监理单位验收合格
监理质量、安全通知单、周会议纪要		√	完整齐备，监理单位提供
项目运行人员专业资质证书		√	1. 由安监局颁发的特种作业操作证书（高压电工证书及低压电工证书）； 2. 由能源局颁发的电工进网作业许可证； 3. 由劳动局颁发的电工职业资格证书（单独持此证不能从事电工工作）
若委托第三方管理，提供项目管理方资料（营业执照、税务登记证、委托代管协议）	√	√	合法注册
组件厂家 10 年功率和 25 年功率衰减质保书	√	√	承诺多晶硅和单晶硅电池组件的光电转换效率分别不低于承诺要求；硅基、铜铟镓硒、碲化镉及其他薄膜电池组件的光电转换效率分别不低于承诺要求；多晶硅、单晶硅和薄膜电池组件自项目投产运行之日起，一年内衰减率分别不高于 2.5%、3%、5%，之后每年衰减率不高于 0.7%，项目全寿命周期内衰减率不高于 20%

（续）

类型：加分项目			
验 收 资 料	380V 及以下并网	10kV 及以上并网	资 料 要 求
支架拉拔力测试报告	√	√	第三方检测机构提供
电能质量监测记录或检测报告	√	√	第三方检测机构提供
逆变器或汇流箱拉弧检测报告	√	√	厂家提供
电站综合发电效率（PR）测试报告	√	√	第三方检测机构提供
组件抗 PID 性能检测报告（或采用 PID-free 组件的证明）	√	√	第三方检测机构提供
抽样组件第三方 EL 测试报告	√	√	第三方检测机构提供
抽样组件耐老化检测报告	√	√	第三方检测机构提供
组件回收协议	√	√	组件厂家提供
关键结构件的第三方检测报告	√	√	第三方检测机构提供
直流光伏连接器耐盐雾及氨第三方测试报告	√	√	第三方检测机构提供

4. 居民户用项目的验收

（1）居民用户项目前置要求

对于居民用户项目，验收小组若发现有以下不符合前置要求的情况，则项目不予验收通过。

①混凝土平屋顶项目施工破坏了原有防水层且未进行防水修复处理。②光伏系统超过建筑最高点，安装方式严重影响美观。③屋面整体朝阴或屋面大部分受到遮挡影响的住宅建筑。④屋面瓦片已经年久失修或结构安全存在风险的住宅建筑。⑤房屋内有生产活动，且生产中的火灾危险性为甲、乙类的住宅建筑。⑥储存有火灾危险性为甲、乙类物品的住宅建筑。⑦各种寿命周期不够 25 年的住宅建筑及临时建筑。

（2）具体资料审查

居民用户屋顶分布式光伏发电项目的资料审查各项内容见表4-3。

表4-3　居民用户屋顶分布式光伏发电项目资料审查表

类型	序号	验收要求	资料要求
必查项	1	项目验收申请和项目验收一览表	信息清晰、完整
	2	设计图样（原理图、平面图）	由建设单位提供，并与项目实际一致
	3	主要设备信息表	由建设单位提供，列明所使用的组件、逆变器、支架、线缆、配电箱或电表箱的厂家、型号和主要参数
	4	主要设备材料认证证书或质检报告	由建设单位提供，必须出具以下产品的证书或者报告，并要求产品与现场使用情况必须一致：1. 组件、逆变器、光伏连接器：需出具由国家认监委认可的认证机构提供的产品认证报告（通常为CQC、金太阳、TUV、UL、CCC或领跑者认证报告）；2. 电缆、电气开关、成套配电箱：CCC认证；3. 光伏专用直流电缆：CQC、TUV或UL认证报告
	5	电网验收意见	通过电网验收
	6	光伏电站接地电阻测试记录表	由建设单位提供，符合设计要求
	7	建设工程竣工表和验收报告	由EPC单位或施工单位提供
备查项	1	接入系统方案确认单（含备案资料）	由国家电网出具
加分项	1	拉弧检测记录单	由逆变器设备厂家提供
	2	组件检测报告（抽检）	由建设单位提供
	3	施工单位资质	由建设单位提供

4.6.2 光伏电站的用户自助验收

随着分布式光伏发电系统逐步走进寻常百姓家，作为居民业主有必要了解和知道一些家庭屋顶光伏电站在建设过程中及工程完工验收中应注意的一些事项，间接起到"工程监理"和"验收专家"的作用，多涨一些知识，多操一份心，以保证自家光伏电站系统的施工质量和运行效果。

1. 支架安装的验收

支架是光伏电站的根基，在施工安装和验收时要注意下列事项。

1）对于瓦房屋顶，屋顶支架挂钩的数量应按设计的数量安装，不可少装。现场情况特殊时，可调整挂钩的固定位置，但沿导轨的相邻挂钩间距应不超过 1.4m；

2）挂钩与木梁或木板固定时，螺钉数量不得少于 6 颗，且拧紧力度要符合要求；

3）导轨两端挑出挂钩的长度不超过 0.5m；

4）采用紧固件的支架，紧固点应牢固，不应有弹垫未压平等现象；

5）支架安装的垂直度及水平度的偏差应符合现行国家标准《光伏电站施工规范》的有关规定；

6）支架的防腐处理应符合设计要求。

2. 光伏组件安装的验收

光伏组件是光伏电站中最重要的部分，在施工安装和验收时要注意下列事项。

1）光伏组件的外观及接线盒、连接器应完好无损，无划伤及隐裂现象；

2）公母连接器的制作应采用专门工具压接牢固，正负极无误，塑料外壳旋紧到位；

3）连接器及线缆应使用扎带扎在导轨上，禁止落在瓦片上，且扎带应采用包塑镀锌铁丝或耐候性更好的绑扎线；

4）组件压块位置应符合组件安装规范，压块与邻近边框的距离应控制在 20~40cm；

5）相邻光伏组件边缘高度差要≤2mm，同组光伏组件边缘高度差要≤5mm；

6）组串接线严格按照设计图样进行，标记应准确、清晰、不褪色，粘贴牢固，并对开路电压进行测试。

3. 光伏逆变器安装的验收

光伏逆变器是光伏电站的中枢神经，在施工安装和验收时要注意下列事项。

1）逆变器安装应按照其说明书要求进行，确保逆变器之间或逆变器与其他物品之间预留 30cm 以上的间距，以保证逆变器的良好散热，在室外露天安装逆变器时要加装防雨棚，要避免安装在有易燃易爆物品场所附近；

2）逆变器外观及主要零部件不应有损坏和受潮现象，元器件不应有松动或丢失；

3）逆变器的型号与设计清单要一致，标签内容应符合要求，应标明负载的连接点和直流侧极性等；

4）交直流连接头应连接牢固，避免松动，交直流进出线应套软管。

4. 电表箱（配电箱）安装的验收

电表箱（配电箱）是用电安全的保障，在施工安装和验收时要注意下列事项。

1）电表箱（配电箱）应尽量靠近并网点安装，安装高度为 1.8m，避免安装在易燃易爆物品附近；

2）电表箱（配电箱）的外观及主要零部件不应有损坏和受潮现象，元器件不应有松动或丢失；

3）电表箱（配电箱）的型号要与设计清单一致，标签内容应符合要求，对光伏侧进线和负载侧出线有明确标示；

4）电表箱内连接端子应连接牢固，避免松动，交直流进出线应套软管。

5. 线缆安装的验收

线缆在施工安装和验收时要注意下列事项。

1）直流线缆的规格应符合设计要求，标志牌应装设齐全、正确、清晰；

2）走线应横平竖直，美观牢固，从组串的引出线开始所有交直流线缆等应全部套管敷设，特殊情况可用软管过渡，管卡应采用不锈钢等耐候性材料，电缆管内径尺寸与电缆外径尺寸之比不得小于 1.5；

3）交直流线缆采用 PVC 管穿管后，因采取措施避免将雨水引入室内或电表箱内；

4）防火措施应符合设计要求；

5）交流线缆安装的验收应符合现行国家标准《电气装置安装工程电缆线路施工及验收规范》中的有关规定。

6. 电站监控系统安装的验收

监控系统的正常运行关系到对电站发电量和电站运行状况的监测，

在施工安装和验收时要注意下列事项。

1）监控模块安装是否牢固，外观是否破损，信号是否正常；

2）登录客户管理网站，检查发电量等数据是否正常。

7. 防雷与接地系统安装的验收

防雷与接地系统关系到光伏电站的安全性，在施工安装和验收时要注意下列事项。

1）光伏发电站防雷接地系统的施工应按照设计文件的要求进行；

2）组件通过接地片与支架连接，应确保接地片刺破铝轨及组件边框的氧化膜；

3）支架接地线应使用 16mm^2 及以上铜线或者 35mm^2 及以上铝线，并在电缆端头压配套鼻头，单独套管走线，禁止与逆变器交流电缆一起套管，禁止将支架的接地引下线直接接到电表箱的接地排上；

4）接地连接采用焊接，焊接长度符合规范要求，焊接段应除焊渣做防腐处理，有色金属连接线应采用螺栓连接或压接方式；

5）电表箱到接地极的接地线应使用 10mm^2 及以上铜线或者 25mm^2 及以上铝线，并在电缆端头压配套鼻头，禁止使用 4mm^2 光伏电缆代替；

6）光伏发电站的接地电阻阻值应满足设计要求（≤4Ω）。

第5章

光伏电站的运行维护与故障排除

光伏电站建成之后，运行维护就应该是一个长期和持续性的工作，运行维护工作的好坏对保证光伏电站系统长期稳定安全的运行、提高整个寿命周期内的发电效率和最大电量产出，以及光伏电站投资人的投资回报周期和回报率都有着直接的关系。

5.1 光伏电站的运行维护

光伏电站系统的运行维护，是指对光伏设备、部件、线路及相关附属设施和系统进行检查、维护，及早发现和处理各种问题和隐患的过程。是保障光伏电站系统安全运行，保证达到预期发电量，实现系统在全生命周期内正常、稳定运行的工作。

影响光伏发电系统稳定运行的主要因素有下面几个方面：

1）故障处理不及时或不到位，造成因故障停机过多或停机时间过长，发电量减少；

2）因受地理位置或环境的限制及分布式电站分散布局等造成现场管理难度加大，专业运行维护人员的缺乏，没有专业的运行维护管理系统等造成运行维护效率低下；

3）维护检测方式落后，维修检测工具缺乏；

4）无有效的预防火灾、偷盗、触电等事故的安全防范措施；

5）监测数据采集和分析能力不足、数据误差较大、数据存储空间不足、数据传输丢失以及数据采集范围缺失等。

5.1.1 光伏电站系统运行维护的基本要求

1. 光伏电站系统运行维护的基本要求

光伏电站系统运行维护主要有三个指标，一是保证安全运行，包括人员、设备及系统安全；二是通过各种手段随时关注系统发电量，发现问题及时处理；三是合理控制运营成本，实施精细化管理。

1）光伏电站系统的运行维护应保证系统本身安全，保证系统不会对人员造成危害，并保证系统能保持最大的发电量。

2）系统的主要部件应始终运行在产品标准规定的范围之内，达不到要求的部件应及时维修或更换。

3）光伏电站主要设备和部件周围不得堆积易燃易爆物品，设备本身及周围环境应通风散热良好，设备上的灰尘和污物应及时清理。

4）整个系统的主要设备与部件上的各种警示标识应保持完整，各个接线端子应牢固可靠，设备的进线口处应采取有效措施防止昆虫、小动物进入设备内部。

5）整个系统的主要设备与部件应运行良好，无异常的温度、声音和气味出现，指示灯和仪表应正常工作并保持清洁。

6）系统中作为显示和计量的主要计量设备和器具，都要按规定进行定期校验。

7）系统运行维护人员应具备相应的电气专业技能或经过专业技能培训，熟悉光伏发电原理及主要系统构成。工作中做到安全作业。运行维护前要做好安全准备，断开相应需要断开的开关，确保电容器、电感器完全放电，必要时要穿戴安全防护用品。

8）系统运行维护和故障检修的全部过程都要进行详细记录，所有记录要妥善保管，并对每次的故障记录进行分析，提出改进措施意见。

2. 常用的检查维护工具和设备

"工欲善其事，必先利其器"，光伏电站系统的运行维护同样需要配备一些常用的工具、测试仪器和设备，特别是一些大型光伏电站，更是应该配备齐全。

（1）常用工具和测试仪器

常用工具：光伏电站及其系统中常用工具主要是指拆装、检修各类设备和元器件时使用的工具，如各种扳手、螺钉旋具、电烙铁、连接器压线钳等。

测试仪器：万用表、示波器、钳形电流表、红外热像仪、温度记录仪、太阳辐射传感器、IU曲线测试仪、电能质量分析仪、绝缘电阻测试仪、接地电阻测试仪等。

防护用品：安全帽、绝缘手套、绝缘鞋、安全标志牌、安全围栏、灭火器等。

此外，还要根据系统的具体情况配备一些常用易损的备品备件。

（2）新型运维设备

目前新型的专业运维设备主要有光伏电站清洗设备、光伏电站运维无人机等。

1）光伏电站清洗设备。光伏电站清洗设备主要有便携式光伏电站清洗系统、地面光伏电站清洗机器人、地面光伏电站清洗车、屋顶光伏电站清洗机器人、光伏大棚全自动清洗系统、屋顶光伏电站全自动清洗系统等多种设备，如图5-1所示。

图5-1 几种光伏组件清洗设备

　　这类清洗设备无论什么形式，基本都是用毛刷清扫灰尘，用清水进行清洗。通过水泵、水枪加压，并经过毛刷或滚轮刷对组件表面进行清扫和清洗。

　　2）光伏电站运维无人机。图5-2所示为一款光伏运维无人机外形图。光伏电站运维无人机是解决光伏电站系统大面积巡检的有力武器，巡检是光伏电站运维管理中极为重要的环节，光伏电站面积大，地形地势复杂，人工有时无法有效地进行大面积的巡检，且巡检周期长、频率低，电站故障及安全隐患无法及时发现，从而影响电站整体收益。

图5-2 光伏运维无人机外形图

　　运维无人机具有携带方便、操作简单、管理智能、检测精确的特点。无人机采用"航点巡航"模式，无需专业人员操作控制，只要根据用户输入的关键点位置信息，就可以自动规划出最优的巡检航线，实现"一键巡检"功能，巡检过程实现一键起飞、自动巡航返航、自动规划航线，巡检完毕后能自动返回起飞点。具备断点续航功能，当电池电量不足时，自动返回起飞点，更换电池或充电后自动返回断点处，继续巡航，保证无人机安全稳定地运行。

运维无人机在飞行过程中，通过自身携带的高精度热成像红外相机和高清可视相机，自定义飞行高度和速度，不停机自动拍摄红外及高清照片，实现光伏电站的全覆盖拍摄，同时通过无线图像传输系统，实现3km范围内实时视频传输。

高精度热成像红外相机通过检测光伏组件表面温度差，来检测组件是否存在隐患，在巡检过程中定点自动拍摄照片，通过软件准确标注问题组件，并对其进行精确定位。巡检或通过后台处理系统自动生成巡检日志，使维修人员可以很方便地排除故障。

3. 专业运行维护相关资料和记录

(1) 光伏电站系统技术资料

1) 光伏发电系统全套技术图样，电气主接线图，设备巡视路线图等；

2) 系统主要关键设备说明书、图样、操作手册、维护手册等；

3) 系统主要关键设备出厂检验记录、检验报告等；

4) 系统主要关键设备运行参数表；

5) 系统设备台账、设备缺陷管理档案；

6) 系统设备故障维修手册；

7) 系统事故预防及处理预案。

(2) 光伏电站系统运维技术资料

1) 运维安全手册；

2) 光伏系统停开机操作说明、监控检测系统操作说明；

3) 电池组件及支架运行维护作业指导书；

4) 光伏直流汇流箱运行维护作业指导书；

5) 直流配电柜运行维护作业指导书；

6) 交流配电柜运行维护作业指导书；

7) 光伏逆变器运行维护作业指导书；

8) 光伏控制器运行维护作业指导书；

9) 升压变压器、箱式变压器运行维护作业指导书；

10) 断路器、隔离开关、避雷器、电抗器等器件运行维护作业指导书；

11) 母线运行维护作业指导书；

12) 光伏电站系统运维安全防护用品及使用规范。

(3) 光伏发电系统设备运维检修记录

1) 光伏发电系统运营维护记录；
2) 光伏发电系统巡检及维护记录；
3) 光伏发电系统运行状态记录；
4) 光伏发电系统设备检修记录；
5) 光伏发电系统事故处理记录；
6) 光伏发电系统防雷器、熔断器动作记录；
7) 光伏发电系统逆变器自动保护动作记录；
8) 断路器、开关、继电器保护及自动装置动作记录；
9) 关键主要设备更换记录；
10) 光伏发电系统各项性能指标及运行参数记录。

4. 运维团队建设及运维人员技能要求

(1) 运维团队建设要求

对于专业的光伏电站的运维管理单位或组织，需要建立完善的质量管理体系，运营维护管理部门或团队要建立符合 ISO 9001—2015 质量管理体系认证的运维管理流程和内审体系。

运维管理单位或组织应由专业技术人员进行光伏电站系统的运行维护管理工作，运维人员要由具有维修电工证、高压上岗证、特种作业操作证、弱电工程师资格证等的各类专业技术人员组成构成，按照专业分类，可分为电气运维人员、高压作业运维人员、数据中心运维人员、结构运维人员和其他运维人员等。

运维人员在上岗前，要进行上岗前安全培训和上岗前运维技能培训，并在年度内实时进行年度上岗实操评核和再培训、年度应急预案演习培训等。

(2) 运维人员技能要求

运维人员技能的设定准则以实际工作过程中对安全作业的要求和对技能的实际需求为制定依据，一般要求是：电气运维人员应持有维修电工中级证书；弱电类运维人员应持有弱电上岗证；高压作业类运维人员应持有高压上岗证；数据中心运维人员应持有国家计算机等级四级证书、网络工程师证书和数据库工程师证书；其他运维人员应持有电工类的特种作业操作证。

5.1.2 光伏电站的日常检查和定期维护

光伏电站的运行维护分为日常检查和定期维护，其运行维护和管理人员都要有一定的专业知识和技能资质、高度的责任心和认真负责的态度，每天检查发电系统的整体运行情况，观察设备仪表、计量检测仪表以及监控检测系统的显示数据，定时巡回检查，做好检查记录。

1. 发电系统的日常检查

在光伏发电系统的正常运行期间，日常检查是必不可少的，一般对于容量超过80kW的系统应当配备专人巡检，容量在80kW以内的系统可由用户自行检查。日常检查一般每天或每班进行一次。

日常检查的主要内容如下：

1）观察电池方阵表面是否清洁，及时清除灰尘和污垢，可用清水冲洗或用干净抹布擦拭，但不得使用化学试剂清洗。检查了解方阵有无接线脱落等情况。

2）注意观察所有设备的外观锈蚀、损坏等情况，用手背触碰设备外壳检查有无温度异常，检查外露的导线有无绝缘老化、机械性损坏，箱体内有无进水等情况。检查有无昆虫、小动物对设备形成侵扰等其他情况。设备运行有无异常声响，运行环境有无异味，如有应找出原因，并立即采取有效措施，予以解决。

若发现严重异常情况，除了立即切断电源，并采取有效措施外，还要报告有关人员，同时做好记录。

3）观察蓄电池的外壳有无变形或裂纹，有无液体渗漏；充放电状态是否良好，充电电流是否适当；环境温度及通风是否良好，室内是否清洁，蓄电池外部是否有污垢和灰尘等。

2. 发电系统的定期维护

光伏发电系统除了日常巡检以外，还需要专业人员进行定期的检查和维护，定期维护一般每月或每半月进行一次，内容如下：

1）检查、了解运行记录，分析光伏系统的运行情况，对于光伏发电系统的运行状态做出判断，如发现问题，立即进行专业的维护和指导。

2）设备外观检查和内部的检查，主要涉及活动和连接部分导线，特别是大电流密度的导线、功率器件、容易锈蚀的地方等。

3）对于逆变器应定期清洁冷却风扇并检查是否正常，定期清除机内的灰尘，检查各端子螺丝是否紧固，检查有无过热后留下的痕迹及损坏的器件，检查电线是否老化。

4）定期检查和保持蓄电池电解液相对密度，及时更换损坏的蓄电池。

5）有条件时可采用红外探测的方法对光伏发电方阵、线路和电气设备进行检查，找出异常发热原因和故障点，并及时解决。

6）每年应对光伏电站系统进行一次系统绝缘电阻以及接地电阻的检查测试，以及对逆变控制装置进行一次全项目的电能质量和保护功能的检查和试验。

所有记录特别是专业巡检记录应存档妥善保管。

总之，光伏电站系统的检查、管理和维护是保证系统正常运行的关键，必须对光伏电站系统认真检查，妥善管理，精心维护，规范操作，发现问题及时解决，才能使得光伏电站系统处于长期稳定的正常运行状态。

5.1.3　光伏组件及光伏方阵的检查维护

1. 光伏组件的清洗

(1) 光伏组件清洁的必要性

光伏发电系统在运行中，要经常保持光伏组件采光面的清洁。因为灰尘遮挡是影响光伏发电系统发电能力的第一大因素，其主要影响有

1) 遮蔽太阳光线，影响发电量；

2) 影响组件散热，从而降低组件转换效率；

3) 带有酸碱性的灰尘长时间沉积在组件表面，侵蚀组件玻璃表面造成玻璃表面粗糙不平，使灰尘进一步积聚，同时增加了玻璃表面对阳光的漫反射，降低了组件接受阳光的能力；

4) 组件表面长期积聚的灰尘、树叶、鸟粪等，会造成组件电池片局部发热，造成电池片、背板烧焦炭化，甚至引起火灾。所以，组件需要不定期地进行擦拭清洁。

(2) 光伏组件的清洁方式

光伏组件的清洁可分为普通清扫和水冲清洗两种方式。如组件积有灰尘，可用干净的线掸子或抹布将组件表面附着的干燥浮尘、树叶等进行清扫。对于紧附在玻璃表面的硬性异物如泥土、鸟粪、黏稠物体，则可用稍微硬些的塑料或木质刮板进行刮除处理，防止破坏玻璃表面。如有污垢清扫不掉时，可用清水进行冲洗。清洗的过程中可使用拖把或柔性毛刷来进行，如遇到油性污物等，可用洗洁精或肥皂水等对污染区域进行单独清洗。清洗完毕后可用干净的抹布将水迹擦干。切勿用有腐蚀性的溶剂清洗或用硬物擦拭。目前，组件清洁方式主要有人工清洁、洒水车和智能机械等方式。

(3) 光伏组件清洗注意事项

1) 光伏组件的清洗一般选择在清晨、傍晚、夜间或阴雨天进行。主要考虑以下几个原因：

① 为了避免在高温和强烈光照下擦拭清洗组件对人身的电击伤害以及可能对组件的破坏；

② 防止清洗过程中因为人为阴影造成光伏方阵发电量的损失，甚

至发生热斑效应；

③ 中午或光照较好时组件表面温度相当高，防止冷水激在玻璃表面引起玻璃炸裂或组件损坏。同时在早晚清洗时，也需要选择阳光暗弱的时间段进行。也可以考虑利用阴雨天进行清洗，因为有降水的帮助，清洗过程会相对高效和彻底。

2）光伏组件铝边框及光伏支架或许有锋利的尖角，在清洗过程中需注意清洗人员安全，应穿着佩戴工作服、帽子、绝缘手套等安全用品，防止漏电、碰伤等情况发生。在衣服或工具上不能出现钩子、带子、线头等容易引起牵绊的部件。

3）在清洗过程中，禁止踩踏或其他方式借力于光伏组件、导轨支架、电缆桥架等光伏系统设备。

4）严禁在大风、大雨、雷雨或大雪天气下清洗光伏组件。冬季清洁应避免冲洗，以防止气温过低而结冰，造成污垢堆积；同理也不要在组件面板很热时用冷水冲洗。

5）严禁使用硬质和尖锐工具或腐蚀性溶剂及碱性有机溶剂擦拭光伏组件。禁止将清洗水喷射到组件接线盒、电缆桥架、汇流箱等设备。清洁时水洗设备对组件的水冲击压力必须控制在一定范围内，避免冲击力过大引起组件内电池片的隐裂。

2. 光伏组件和光伏方阵的检查维护

1）使用中要定期（如1~2个月）检查光伏组件的边框、玻璃、电池片、组件表面、背板、接线盒、线缆及连接器、产品铭牌、带电警告标识、边框和支撑结构及其他缺陷等。如发现有下列问题要立即进行检修或更换。

① 光伏组件存在玻璃松动、开裂、破碎的情况；

② 光伏组件存在封装开胶进水、电池片变色、背板有灼焦、起泡和明显的颜色变化；

③ 光伏组件中存在与组件边缘或任何电路之间形成连通的气泡；

④ 光伏组件接线盒脱落、变形、扭曲、开裂或烧毁，接线端子松动、脱线、腐蚀等无法良好连接；

⑤ 中空玻璃幕墙组件结露、进水、失效，影响光伏幕墙工程的视线和保温性能；

⑥ 光伏组件和支架是否结合良好，组件压块是否压接牢固，有无扭曲变形的情况。

2）使用中要定期（如1~2个月）对光伏组件及方阵的光电参数、输出功率、绝缘电阻等进行检测，以保证光伏组件和方阵的正常运行。

3) 要定期检查光伏方阵的金属支架和结构件的防腐涂层有无剥落、锈蚀现象，并定期对支架进行涂装防腐处理。方阵支架要保持接地良好，各点接地电阻应不大于4Ω。

4) 检查光伏方阵的整体结构不应有变形、错位、松动，主要受力构件、连接构件和连接螺栓不应松动、损坏，焊缝不应开裂。

5) 用于固定光伏方阵的植筋或后置螺栓不应松动，采取预制配重块基座安装的光伏方阵，预制配重块基座应放置平稳、整齐，位置不得移动。

6) 对带有极轴自动跟踪系统的光伏方阵支架，要定期检查跟踪系统的机械和电气性能是否正常。

7) 定期检查方阵周边植物的生长情况，查看是否对光伏方阵造成遮挡，并及时清理。

5.1.4 逆变器的检查维护

逆变器的操作使用要严格按照使用说明书的要求和规定进行，机器上的警示标识应完整清晰。开机前要检查输入电压是否正常；操作时要注意开关机的顺序是否正确，各表头和指示灯的指示是否正常。控制器的过充电电压、过放电电压的设置应符合设计要求。

逆变器在发生断路、过电流、过电压、过热等故障时，一般都会进入自动保护状态而停止工作。这些设备一旦停机，不要马上开机，要查明原因并修复后再开机。

逆变器机箱或机柜内有高压，操作人员一般不得打开机箱或机柜，柜门平时要锁死。

当环境温度超过30℃时，应采取降温散热措施，防止设备发生故障，延长设备使用寿命。

经常检查机内温度、声音和气味等是否异常。逆变器中模块、电抗器、变压器的散热器风扇根据温度自行启动和停止的功能应正常，散热风扇运行时不应有较大振动和异常噪声，如有异常情况应断电检修。

检查直流母线的正极对地、负极对地、正负极之间的绝缘电阻应大于2MΩ。

逆变器的维护检修：严格定期查看控制器和逆变器各部分的接线和接线端子有无松动和锈蚀现象（如熔断器、风扇、功率模块、输入和输出端子以及接地等），发现接线有松动时要立即修复。

定期将交流电网输出侧（网侧）断路器断开一次，逆变器应能立即停止向电网馈电。

5.1.5 直流汇流箱、配电柜及输电线路的检查维护

1. 直流汇流箱的检查维护

1）直流汇流箱不得存在变形、锈蚀、漏水、积灰现象，箱体外表面的安全警示标识应完整无破损，箱体上的防水锁启闭灵活。

2）要定期检查直流汇流箱内的断路器等各个电气元件的接线端子有无接头松动、脱线、锈蚀、变色等现象。箱体内应无异常噪声、无异味。

3）检查直流母线的正极对地、负极对地、正负极之间的绝缘电阻均应大于 2MΩ。

4）直流输出母线端配备的直流断路器，其分断功能应灵活、可靠。

5）在雷雨季节，还要特别注意汇流箱内的防雷器模块是否失效，如已失效，应及时更换。

2. 直流配电柜的检查维护

1）维护配电柜时应停电后验电，确保在配电柜不带电的情况下维护。

2）直流配电柜不得存在变形、锈蚀、漏水、积灰现象，箱体外表面的安全警示标识应完整无破损，箱体上的防水锁开启灵活。

3）检查直流配电柜的仪表、开关和熔断器有无损坏，各部件接线端子有无松动、发热和烧损变色现象，漏电保护器动作是否灵敏可靠，接触开关的触点是否有损伤，防雷器是否在有效状态。

4）直流配电柜的直流输入接口与汇流箱的连接，直流输出接口与逆变器的连接都应稳定可靠。

5）直流配电柜的维护检修内容主要有定期清扫配电柜、修理更换损坏的部件和仪表、更换和紧固各部件接线端子；箱体锈蚀部位要及时清理并涂刷防锈漆。

3. 交流配电柜的检查维护

1）交流配电柜维护前应提前通知停电起止时间，并提前准备好维护工具。停电后应检查验电，确保在配电柜不带电的情况下进行维护作业。

2）在分段维护保养配电柜时，要在已停电与未停电的配电柜分界处装设明显的隔离装置。

3）在操作交流侧真空断路器时，应穿绝缘鞋、戴绝缘手套，并有专人监护。

4）配电柜的金属支架与基础应连接良好、固定可靠。柜内灰尘要清洁，各接线螺钉要紧固。

5) 交流母线接头应连接紧密，不应变形，无放电变黑痕迹，绝缘无松动或损坏，紧固连接螺丝无锈蚀。

6) 配电柜中的开关、主触点不应有烧熔痕迹，灭弧罩不应烧黑或损坏。

7) 柜内的电流互感器、电流电压表、电度表、各种信号灯、按钮等部件都应显示正常，操作灵活可靠。

8) 配电柜维护完毕，再次检查是否有遗留工具，拆除安全装置，断开高压侧接地开关，合上真空断路器，观察变压器投入运行没有问题后，才可以向低压配电柜逐级送电。

4. 输电线路的检查维护

1) 定期检查输电线路的干线和支线，不得有掉线、搭线、垂线、搭墙等现象。

2) 线缆在进出设备处的部位应封堵完好，不应存在直径大于10mm 的孔洞，如发现孔洞要立即用防火堵泥封堵。

3) 要及时清理线缆沟或井里面的垃圾、堆积物，如发现线缆外皮损坏，要及时进行处理。

4) 电缆沟或电缆井的盖板应完好无缺，沟道中不应有积水或杂物，沟内支架应牢固，无锈蚀、松动现象。

5) 金属电缆桥架及其支架和引入或引出的金属电缆导管必须接地可靠。桥架与桥架连接处的连接线应牢固可靠。

6) 桥架与穿墙处防火封堵应严密无脱落，桥架与支架间的固定螺栓及桥架连接板螺栓都要固定完好。

7) 定期检查进户线和用户电表，不得有私拉偷电现象。

5.1.6 防雷接地系统的检查维护

1) 每年雷雨季节前应对接地系统进行检查和维护。主要检查连接处是否紧固、接触是否良好、接地体附近地面有无异常，必要时挖开地面抽查地下隐蔽部分锈蚀情况，如果发现问题应及时处理。

2) 光伏组件、支架、线缆金属铠甲与接地系统应可靠连接。

3) 接地网的接地电阻应每年进行一次测量。

4) 每年雷雨季节前应对运行中的防雷器利用防雷器元件老化测试仪进行一次检测，雷雨季节中要加强外观巡视，发现防雷器模块显示窗口出现红色应及时更换处理。

5.1.7 监控检测与数据通信系统的检查

光伏电站都有完善的监控检测系统，所有跟电站运行相关的参数都会通过各种通信方式汇总并通过显示系统实时显示。

通过显示系统可看到实时显示的累计发电量、方阵电压、方阵电流、方阵功率、电网电压、电网频率、实际输出功率、实际输出电流等参数信息。在检查过程中可以通过比对存档在微机上的历史记录以及相关操作手册上的数据来发现电站当前运行状况是否正常，并重点检查：

1）监控检测与数据传输系统的设备应保持外观完好、螺栓和密封件齐全、操作按键接触良好、显示读数清晰；

2）对于无人值守的数据传输系统，系统的终端显示器每天至少检查1次有无故障报警，如果有故障报警，应及时通知维修；

3）每年至少1次对数据传输系统中的检测传感器进行校验，同时对系统的A/D转换器的精度进行检验；

4）数据传输系统中的主要部件，凡是超过使用年限的，均应该及时更换。

当发现电站运行异常时要及时找出异常原因并加以排除，如无法解决则应及时上报。

5.2 光伏电站系统的故障排除

在光伏电站系统的长期运行中，直流侧和交流侧都会产生故障，只是有些部位和设备故障率低，有些故障率高。其中逆变器、升压站和汇集线缆这些部位，发生故障的频率虽然较少，但是一旦发生故障，基本上就是系统瘫痪，对发电量影响很大，这些故障可以从后台监控的实时运行状态看到。而对于直流侧光伏方阵组串，由于组串数量较多，发生故障也不太容易被发现，且发生故障的频次较多，对系统发电量的影响也占重要位置。

在整个光伏电站系统中，光伏组件、直流汇流箱和逆变器合计发生故障的频次占总故障比例的90%左右，而线缆、箱变、土建、支架和升压站等方面的故障占比较小。

5.2.1 光伏电站系统的故障判别与检修

1. 故障分类及检修步骤

光伏电站系统的故障，从现象上看，基本分为两类，一类是系统不工作，没有发电量；另一类是系统虽然工作，但发电量偏小，没有达到预期的发电效果。其中系统不工作，没有发电量常见的原因主要有：

1）电网停电或因电网原因系统停机后不能自动合闸；

2）逆变器设备本身故障；

3）系统中有断路器损坏或线缆接头松动故障。

系统工作，发电量偏小的常见原因主要有：

1）光伏方阵与逆变器容量不匹配；

2）光伏方阵局部阴影遮挡或局部发生故障；

3）电网电压不稳定，使逆变器经常"偷停"；

4）系统整体效率偏低或局部效率偏低；

5）用户期望值过高。

光伏电站系统的故障检修人员首先要对相关系统及其部件有比较全面和透彻的了解，然后通过与用户沟通了解和获得更多的与故障相关的问题、现象等信息，对故障原因进行初步确定，并提出排除故障或解决问题的办法。所以系统的故障检修一般包括以下几个步骤：①故障调查判别；②确定故障原因；③提出解决办法；④进行故障检修。

在和用户的沟通过程中，还要解决和排除一些不是故障的"故障"，或者是用户认为的故障。技术人员可以通过电话、微信、视频等方式先期与用户进行沟通，通过用户的具体描述以及对一些核心问题的了解，有助于决定是否需要去现场进行检修。其实许多问题是可以通过沟通和远程指导进行诊断和解决的。例如，由于停电、偶然的断路器跳闸或漏电保护器动作造成的系统不工作；光伏方阵表面灰尘过厚；被植物（杂草、树木）成长造成阴影遮挡造成发电量不足等都是可以通过远程沟通和指导的方式解决。

2. 检查内容与流程

当确认是系统出现故障，需要现场进行检查和故障检修的，一般的检修内容和流程如下。

(1) 围绕逆变器进行检查

首先通过逆变器显示屏或指示灯的显示内容或显示状态，看看是否有警示灯、报警信号、错误信息提示或故障代码等的故障提示。然后根据具体情况分别进行检查和修理。不同厂家的逆变器显示方式或故障代码不尽相同，但逆变器常见的故障大致有下列几类，检修人员可以参考厂家产品手册或检修指南判断检查。

1）电网电压和（或）频率过高或过低。一般是交流电网的电压或频率超出了逆变器的正常工作范围，造成逆变器保护停机，系统停止运行。如果这个问题经常发生，就需要联系电网公司进行相应调整。

2）光伏方阵输出电压过低。逆变器因为光伏方阵输出的电压达不到启动工作电压而不启动运行。这个现象的原因可能是系统设计时光伏方阵组串与逆变器匹配不合理或辐照度过低等。

3）光伏方阵输出电压过高。光伏方阵输出电压高于逆变器的最高允许工作电压，逆变器保护停机。这种情况反复发生可能会造成逆变器损坏。光伏方阵输出电压过高可能是系统设计时光伏方阵组串与逆变器参数没有很好地进行匹配。

4）线路阻抗过高。逆变器检测到交流侧的阻抗过高，导致逆变器交流输出侧的电压被抬升。常见原因可能是交流侧线缆接头松动接触不良、交流线缆设计选型不合理或电网问题。

5）检测到接地故障。该故障最常见的原因是绝缘被破坏或开关内进水。

有些逆变器不一定能显示所有的故障信息，这就需要进一步检查。如果逆变器完全不工作，可能是因为没有交流或直流电源。如果逆变器没有完全停止工作，则应通过显示屏读取交流侧、直流侧的电压和电流以及方阵输出功率等电气测量值。如果交流侧的电压或电流读数为0，则应进一步检查逆变器的交流侧系统。如果直流侧的电压或电流读数为0，则应进一步检查逆变器的直流侧系统。

（2）系统交流侧的检查

当出现以下问题时，需要对系统的交流侧进行检查：

1）逆变器显示交流电压或电流为0。

2）逆变器故障代码显示电网电压或频率有问题。

3）逆变器故障代码显示线路阻抗过高。

4）逆变器没有运行，且没有可读取的数据或故障代码显示。

主要检查内容有：

1）检查是否停电。检查是否整个系统停电。

2）检查交流隔离开关和断路器。检查交流隔离开关是否断开或有其他的外部损坏迹象，包括位于交流配电柜的交流供电主开关和逆变器侧的交流隔离开关。

3）测量逆变器交流隔离开关和交流供电主开关两侧的交流电压是否正常，以便快速找出故障点。

4）经过检查，如果问题是来自于电网，而不是光伏电站系统交流侧有故障，则应联系电网公司相关人员进行检查，并排除故障。

（3）系统直流侧的检查

当出现以下问题时，需要对系统的直流侧进行检查：

1）逆变器显示直流电压或电流为0，或方阵功率为0。

2）逆变器故障代码显示光伏方阵电压过低或过高。

3）逆变器故障代码显示发生接地故障。

4）逆变器没有运行，且没有可读取的数据或故障代码显示。

主要检查内容有：

1）检查直流隔离开关。检查直流隔离开关是否断开或有其他的外部损坏迹象，包括逆变器侧的光伏方阵直流隔离开关以及直流汇流箱内的直流隔离开关等。

2）检查过流保护装置。检查过电流保护装置是否启动或有其他的外部损坏迹象。

3）测量输入到逆变器直流端的开路电压，如果电压正常，则问题可能在逆变器本身，如果电压不正常，则需要逐个检查直流系统各方阵、组串或组件，直至找出故障点。

4）检查可以以各部分直流隔离开关为界限，在隔离开关两侧的直流输入与输出端进行测量，一可以方便分段查找故障，二可以对隔离开关本身是否有故障进行判断。

5）检查各方阵组串的开路电压，开路电压过低则表明组串内存在问题，重点检查组串中组件与组件的连接线缆、连接器等是否存在松动或损坏。

6）检查中还可以通过测量组串的短路电流来快速判断各组串是否存在故障。测量高压状态下的短路电流比较危险，需要按照正常步骤进行，不能发生拉弧放电现象，以免发生触电或烧坏测量器具的表笔等。简单的方法是先断开隔离开关，把隔离开关的输出端线路甩开，在输出端接入直流电流测量器具，然后短暂接通隔离开关观察组串短路电流是否正常。还有一种方法是将甩开线路的输出端用一根导线短路，然后用能测量直流电流的钳形电流表测量短路电流。

一般单组串短路电流根据组件功率不同在 8~15A 之间，选用相应量程的电流表就可以了。检查中如果发现某一组串短路电流过低，则表明该组串中有一个或多个组件没有正常运行，需要进一步检查。

5.2.2 光伏组件及光伏方阵常见故障

光伏组件及光伏方阵的常见故障有组件外电极开路、内部焊带脱焊或断裂、旁路二极管短路、旁路二极管反接、接线盒脱落、背板起泡或开裂、EVA 老化黄变、EVA 与玻璃分层进水、铝边框开裂、组件玻璃破碎、电池片或电极发黄、电池栅线断裂、组件效率衰减、组件热斑效应、导线老化、导线短路、组件被遮挡、组件安装角度和方位偏离、组件固定松动等。可根据具体情况检查修理、调整或更换。在这些故障中，大部分故障与组件本身质量有关。

常见故障案例 1

故障现象：系统发电量偏小，达不到正常的发电功率。

原因分析：影响光伏发电系统发电量的因素很多，包括太阳辐射量，电池组件安装方位和倾斜角度，灰尘和阴影遮挡，组件的温度特性等，这里主要针对因光伏组件配置安装不当造成系统发电量偏小的故障。

解决办法：

1) 安装前，要逐块检查或抽查光伏组件的标称功率是否足够；

2) 检查或者调整组件或方阵的安装角度和朝向；

3) 检查组件或方阵是否有灰尘或阴影遮挡；

4) 检测组件串的串联电压是否在正常电压范围内；

5) 多路组串安装前，先检查各路组串的开路电压是否一致，要求电压差不超过 5V，如果发现电压不对，要检查线路和接头有没有接触不良现象；

6) 安装时，可以分批接入，每一组接入时，记录每一组的功率，组串之间功率相差不要超过 2%；

7) 安装地点通风不良，逆变器的热量没有及时散发出去，或者逆变器直接在阳光下暴晒，使逆变器温度过高，效率降低；

8) 系统线缆接头有接触不良，线缆线径选择过细，线缆敷设太长，有电压损耗，造成输出功率损耗；

9) 并网交流开关容量过小，达不到逆变器输出要求；

10) 当选用具有双路 MPPT 输入的逆变器时，每一路输入功率只有总功率的 50%。原则上每一路设计安装功率应该相等，如果只接在一路 MPPT 输入端，逆变器输出功率将减半。

常见故障案例 2

故障现象：某光伏电站逆变器停止工作，交流断路器跳闸。经检测发现光伏组串输出电压正常，但正负极对地电压均异常。

原因分析：这类故障常见的原因是光伏组串连线中某一点与光伏支架连电短路，一般都是组串线缆绝缘层受挤压、磨损等损坏造成的。

解决办法：检查问题组串的连接线，特别注意连接线与支架接触的地方，找出与支架触碰的部位，重新包裹或更换线缆。

常见故障案例 3

故障现象：某光伏电站测得部分光伏组串输出电压过低。光伏组串输出电压过低，会造成系统输出功率降低，长期运行还有可能造成光伏组件被击穿损坏。

原因分析：这种故障一般是相关组串中的光伏组件有问题。由光伏电站监控系统和生产管理系统统计数据分析，对比相同子阵相同组串数的汇流箱输出功率和电流，查找出输出偏低的汇流箱及支路光伏组串。

解决办法：现场检测相关光伏组串中每个光伏组件的开路电压，查出开路电压异常的光伏组件，然后再检测其接线盒内部的几只旁路二极管，一般情况都是二极管击穿，将光伏组件局部或全部短路。如果二极管没有问题，那就是光伏组件本身内部有问题了。造成旁路二极管击穿的原因一般是光伏方阵局部遭受雷击，二极管耐压选型不够或质量差等。

有些光伏组件的接线盒内部在生产过程中用硅胶灌封了，一般无法在现场进行二极管更换等检修。需要先用相同规格光伏组件替换或拉走修好后再安装。

5.2.3 逆变器常见故障

光伏逆变器除了把直流电转换成交流电外，还承担着监测光伏组件和电网状况、系统绝缘、对外通信等任务。从长时间的运维角度分析，逆变器在整个光伏发电系统中作用举足轻重，故障率较高。

就逆变器本身而言，常见故障有因运输不当造成损坏、因极性反接造成损坏、因内部电源失效损坏、因遭受雷击而损坏、因散热不良造成功率开关模块或主板损坏、因输入电压不正常造成损坏、输出熔断器损坏、散热风扇损坏、烟感器损坏、断路器跳闸、接地故障等。可根据具体情况检修或更换逆变器系统。另外有一些故障，虽然不是逆变器本身故障，但是能通过逆变器的工作不正常或报警显示表现出来，主要有逆变器不能并网、直流过电压、电网故障、漏电流故障等。在此将这类故障也归到逆变器故障类来解决处理。

在上述这些故障中，散热风扇损坏、散热设计缺陷使逆变器内部温度过高造成电容器失效或损坏、IGBT开关模块损坏等是逆变器本身的高发故障。

1. 检修注意事项

1）检修前，首先要断开逆变器与电网的电气连接，然后断开直流侧电气连接。要等待至少5min，让逆变器内部大容量电容器等元件充分放电后，才能进行维修工作。

2）在维修操作时，先初步目视检查设备有无损坏或其他危险状况，具体操作时要注意防静电，最好佩戴防静电手环。要注意设备上的警告标示，注意逆变器表面是否冷却下来。同时要避免身体与电路板间不必要的接触。

3）维修完成后，要确保任何影响逆变器安全性能的故障已经解决，才能再次开启逆变器。

2. 典型故障及解决办法

常见故障案例 1

故障现象：逆变器屏幕没有显示。

原因分析：逆变器直流电压输入不正常或逆变器损坏。常见原因有：①组件或组串的输出电压低于逆变器的最低工作电压；②组串输入极性接反；③直流输入开关没有合上；④组串中某一接头没有接好；⑤某一组件短路，造成其他组串也不能正常工作。

解决办法：用万用表直流电压档测量逆变器直流输入电压，电压正常时，总电压是各串中组件电压之和。如果没有电压，依次检测直流断路器、接线端子、线缆连接器、组件接线盒等是否正常。如果有多路组串，要分别断开单独接入测试。如果外部组件或线路没有故障，说明逆变器内部硬件电路发生故障，可联系生产厂家检修或更换。

常见故障案例 2

故障现象：逆变器不能并网发电，显示故障信息 "No grid" 或 "No Utility"。

原因分析：逆变器和电网没有连接。常见原因有：①逆变器输出交流断路器没有合上；②逆变器交流输出端子没有接好；③接线时，把逆变器输出端子上排松动了。

解决办法：用万用表交流电压档测量逆变器交流输出电压，正常情况下，输出端子应该有 AC 220V 或 AC 380V 电压，如果没有，依次检测接线端子是否有松动，交流断路器是否闭合，漏电保护开关是否断开等。

常见故障案例 3

故障现象：逆变器显示电网错误，显示故障信息为电压错误 "Grid Volt Fault" 或频率错误 "Grid Freq Fault" "Grid Fault"。

原因分析：交流电网电压和频率超出正常范围。

解决办法：用万用表相关档位测量交流电网的电压和频率，如果确实不正常，等待电网恢复正常。如果电网电压和频率正常，说明逆变器检测电路发生故障。检查时先把逆变器的直流输入端和交流输出端全部断开，让逆变器断电 30min 以上，看电路能否自行恢复，如能自行恢复可继续使用；若不能恢复，则联系生产厂家检修或更换。逆变器的其他电路如逆变器主板电路、检测电路、通信电路、逆变电路等发生的一些软故障，都可以先用上述方法试一试能否自行恢复，不能自行恢复的再进行检修或更换。

常见故障案例 4

故障现象：交流侧输出电压过高，造成逆变器保护关机或降额运行。

原因分析：主要是因为电网阻抗过大，当光伏发电用户侧用电量太小，输送出去时又因阻抗过高，造成逆变器交流侧输出电压过高。

解决办法：①加大输出线缆的线径，线缆越粗，阻抗越低；②逆变器尽量靠近并网点，线缆越短，阻抗越低。例如，以 5kW 并网逆变器为例，交流输出线缆长度在 50m 之内时，可以选用截面积为 2.5mm^2 的线缆；长度在 50~100m 之间时，要选用截面积为 4mm^2 的线缆；长度大于 100m 时，要选用截面积为 6mm^2 的线缆。

常见故障案例 5

故障现象：直流侧输入电压过高报警，显示故障信息"Vin over voltage"或者"PV over voltage"。

原因分析：组件串联数量过多，造成直流侧输入电压超过逆变器最大工作电压。

解决办法：根据光伏组件的温度特性，环境温度越低，输出电压越高。一般单相组串式逆变器输入电压范围在 80~500V，建议设计组串电压在 350~400V 之间。三相组串式逆变器的输入电压范围在 200~800V 之间，建议设计组串电压范围在 600~650V 之间。在这个电压区间，逆变器效率较高，早晚辐照度低时逆变器还可以保持启动发电状态，又不至于使直流侧电压超出逆变器电压上限，引起报警停机。

常见故障案例 6

故障现象：光伏系统绝缘性能下降，对地绝缘电阻小于 2MΩ，显示故障信息"Isolation error"和"Isolation fault"。

原因分析：一般都是光伏组件、接线盒、直流线缆、逆变器、交流电缆、接线端子等部位有线路对地短路或者绝缘层破坏，组串连接器松动进水等。

解决办法：断开电网、逆变器，依次检查各部件线缆对地的绝缘电阻，找出问题点，更换相应线缆或接插件。

常见故障案例 7

故障现象：逆变器本身硬件故障

原因分析：这类故障一般是逆变器内部的逆变电路、检测电路、功率回路、通信电路等电路或零部件发生故障。

解决办法：逆变器出现上述故障，要先把逆变器直流侧和交流侧电路全部断开，让逆变器停电 30min 以上，然后通电试机，如果机器恢复正常就继续观察使用，如果不能恢复，就需要进行现场或返厂检修。

这些硬件故障显示信息有

"Consistent Fault" 一致性错误；

"Over Temp Fault" 内部温度异常；

"Relay Fault" 继电器故障；

"EEPROM Fail" EEPROM 错误；

"Com Lost"、"Com failure" 通信故障；

"Bus Over Voltage，Bus Low Voltage" 直流母线过电压或欠电压；

"Boost Fault" 升压故障；

"GFCI Device Fault" 漏电保护器装置故障；

"Inv Curr Over" 变频器电路过电流故障；

"Fan Lock" 风扇故障；

"RTC Fail" 实时时钟失败；

"SCI Fault" 串行通信接口故障。

5.2.4　直流汇流箱、配电柜常见故障

1. 断路器频繁跳闸

由于直流汇流箱长期在野外安置，环境及气候变化加速了断路器的老化，再加上断路器经常操作造成的机械磨损，使断路器中的脱扣器损坏，从而出现断路器频繁跳闸现象。断路器频繁跳闸大致有下列几个原因：

1）线路中的实际负荷电流长时间大于断路器的额定工作电流参数。

2）断路器输入输出端子连接的母排或线鼻子没有完全紧固或长期运行后松动，造成整个断路器发热和接触电流频繁变化。

3）输出线缆绝缘破损漏电或其他异物造成断路，以及配电柜、逆变器直流输入部分绝缘不良或有短路。

2. 支路电流为0

汇流箱支路电流为0的故障，一般按照下列顺序进行检查：

1）检查汇流箱的电流采集装置，若发现某一支路有电流为0的情况，现场使用钳形电流表测量该支路电流，若确实为0，说明故障在组串及支路线缆侧，若电流正常，则说明电流采集装置有故障，进行检修或者更换。

2）继续测量支路的开路电压，若开路电压为0，说明该支路线缆存在断线或 MC4 连接器有虚接或连接不上的情况。若测量支路开路电压正常，则有可能是熔断器熔断或支路线缆存在接地情况。

3）用万用表测量熔断器是否完好，若熔断器熔断则进行更换，并排查造成熔断器熔断的原因。若熔断器完好，则需要检查直流线缆正负极线缆间绝缘电阻及正负极线缆对地绝缘电阻是否正常。检查测量前要将直流汇流箱侧正负极线缆及组串侧的正负极线缆断开悬空。

3. 支路电流偏小

支路电流偏小一般是电流采集装置的采集精度存在问题。可在现场用钳形电流表测量支路电流与采集装置数据电流做比较，测量相邻支路电流做验证，若其他支路电流正常，则说明该支路电流采集装置有故障，若差异较小，则说明不是采集装置故障，可进一步对该支路组串的表面清洁程度及是否存在遮挡做详细排查。

4. 汇流箱通信中断

目前光伏场站常用的通信技术是 RS485 总线通信方式。造成直流汇流箱、配电柜通信故障主要有下列几个原因：

1）通信线缆接触不良、松动、脱落或接线方式错误造成通信线路短路或断路。

2）通信线路内外屏蔽层被合并起来单点接地，没有充分发挥双重屏蔽层抗干扰的优势，在现场环境电磁干扰较大时会出现无法通信或通信中断故障。

3）通信线缆在敷设时，要与其平行敷设的动力电缆等保持足够的间距，具体间距要符合综合布线工程规范的要求，否则会在实际运行中对通信产生干扰。

4）通信参数设置有误。主要包括光伏电站地址设置错误、波特率设置错误、通信模式设置错误等。

5）数据采集器、交换机、发送接收器等通信装置发生故障，无法正常工作。需要检查并更换相应模块或设备，重新设置地址和波特率等参数。

5. 汇流箱烧毁

直流汇流箱在室外环境下长时间运行时，由于汇流箱的自身设计问题，安装施工问题或在运行中缺乏检查维护等问题，会使汇流箱出现局部过热、过电压、过电流或短路打火、直流拉弧，甚至会使汇流箱整个烧毁。汇流箱烧毁轻则导致该汇流箱各路输出电流均为零、监控失效、无法修复。重则会引起局部或整个电站发生火灾，造成重大损失。

汇流箱烧毁主要有下列几个原因：

1）汇流箱自身设计或质量问题。主要有汇流箱箱体偏小，布局不合理，汇流排采用铝排或铜排宽度较窄、厚度较薄，端子和汇流排接触面积较小，汇流排与箱体的安全距离较短，箱体内温度过高，引起发热和拉弧打火。

2）熔断器质量不合格造成熔断器烧毁，或熔断器的额定电流小于光伏组串的电流，或熔断器的电流选择过大，起不到保护作用。

3）直流汇流箱自身防水等级不够或在安装施工过程中受压变形，造成箱门间隙过大，风沙雨水等容易进入箱体内部，导致绝缘下降，发生电气故障。

5.2.5 交流配电柜常见故障

交流配电柜常见故障有：断路器端子因接触不良发热烧坏、防雷器因雷击击穿保护、过/欠电压保护器失效损坏、漏电保护器频繁跳闸等。可针对不同情况进行检修或更换。对于漏电保护器频繁跳闸，要区分是漏电保护器本身损坏还是光伏系统有漏电流过大的情况，若是光伏发电系统漏电流过大，要重点检查交流侧接地线是否有漏接现象，交流零线是否接触良好，接地系统线路是否规范，交流用电设备是否有漏电现象等。另外要考虑漏电保护器的漏电流检测阈值是否太小，可以更换阈值电流更高的漏电保护器（不可调节型），或者适当调高漏电保护器的阈值电流（可调节型）。

造成上述这些设备发生故障的原因，主要是设备内部各种直流、交流电器配件如熔断器、断路器、剩余电流动作保护器等本身质量不佳或容量等级选择不当，在长时间运行或夏季高温运行时，常常会发生故障。特别是一些产品投入运行不久就频繁发生故障，更说明设备产品本身质量欠佳。

在光伏发电系统的长期运行期间，发生故障在所难免，上述常见各类故障可能在运行期间会重复发生，或者又会暴露出新的问题，我们需要做的就是通过分析、统计和对比的方法，定期对各种故障进行分析和分类整理，对故障频发区和故障部位做到心中有数，发生故障后能够第一时间及时处理，并且在日常的巡检过程中，对故障频发区域加强巡检，尽量将故障处理在萌芽状态，将故障损失减少到最小。另外，通过对各类故障的发现、分析、处理、解决过程，也是迅速提高运维人员自身水平和能力的主要途径。

第6章

分布式光伏电站工程实例

本章将分别对两座不同容量的屋顶式光伏电站、一座山坡光伏电站和一座地面光伏电站的具体施工案例进行了介绍。从这四个典型案例可以看出，每一套光伏电站依据用户用电量需求的不同，其容量（功率）也是不同的，而容量的设计也是光伏电站在施工前的设计阶段必要的一项工作，这项工作需要设计人员在前期仔细调研和掌握用户用电需求的基础上，通过严谨的计算来得出最终获得可行的设计方案。希望读者通过本章内容，对各个实例的设计思路、技术应用及施工过程等有一个系统的了解，达到学习和借鉴的目的。

6.1　11.2kW 农村住宅屋顶光伏发电系统

农村斜屋顶按照屋顶结构分为木梁瓦面屋顶和混凝土瓦面屋顶两类，一般多为居民家庭、宿舍及村委会等房屋建筑。可作为户用光伏发电系统项目安装的场所。这类光伏发电系统一般都是以"全额上网"或"自发自用、余电上网"模式并网，并根据不同的发电功率，就近直接并入 AC220V 或 AC380V 电网。下面以某 11.2kW 住宅屋顶分布式光伏发电系统为例，介绍斜屋顶类光伏发电系统的设计安装过程。

1. 工程概况

本项目位于山西省吕梁市内，北纬 37.42°，东经 111.97°，该地区年最高气温 39℃，最低气温-25℃，属于太阳能资源三类地区。该建筑坐北朝南，双坡屋面，屋面南向有效安装面积约 81m²，屋面南北向倾斜角度约 25°，屋面结构为木梁结构。屋面周围无高大树木遮挡。

2. 系统设计原则和依据

（1）系统设计原则

① 美观性。光伏方阵与建筑的结合，要协调统一，美观大方。要在不改变原有建筑风格和外观的前提下，设计光伏方阵的布局。

② 高效性。优化设计方案，在给定的安装面积内，尽可能地提高光伏组件的利用效率，达到充分利用太阳能，提高最大发电量的目的。

③ 安全性。设计的光伏系统要安全可靠，不能给建筑物内的其他用电设备和人员带来安全隐患，施工过程中要保证绝对安全，不能从施工棚顶掉下任何设备和器具。尽可能地减少运行中的维修维护费用，同时应考虑到方便施工和利于维护。

④ 经济性。在满足光伏发电系统外观效果和各项性能指标的前提下，充分考虑分布式光伏发电系统装机容量小、安装分散等特点，最大限度地优化设计方案，合理选用各种设备、材料，把不必要的浪费消除在设计阶段，降低工程造价，为业主节约投资。

（2）系统设计依据

① 现场勘察技术参数及业主提供技术要求；

②《光伏发电站设计规范》GB 50797—2012；

③《光伏发电站施工规范》GB 50794—2012；

④《太阳能光伏电站设计与施工规范》DB44/T 1508—2014；

⑤《光伏发电工程验收规范》GB/T 50796—2012；

⑥《光伏发电站防雷技术要求》GB 32512—2016；

⑦《光伏发电站接入电力系统设计规范》GB/T 50866—2013；

⑧《光伏发电工程施工组织设计规范》GB/T 50795—2012；

⑨《建筑光伏系统应用技术标准》GB/T 51368—2019；

⑩《建筑地基基础数据规范》GB 50007—2011；

⑪ 国家现行光伏行业相关法律、法规、标准和规范。

3. 系统构成概况

本项目屋顶有效面积约81m²，根据屋顶状况，整个系统采用280W多晶硅光伏组件40块组成1个方阵，共计设计总容量为11.2kW，其中每20块光伏组件串联连接构成一个组串，两个光伏组串接入一台10kW逆变器中。逆变器将光伏组件产生的直流电转化为380V三相交流电，通过交流并网配电柜连接后并入380V三相交流电网中。

组件方阵布局于住户瓦房房顶的朝阳面，考虑到光伏支架强度、系统成本、屋顶面积利用率等因素，组件方阵倾角按照屋顶坡度倾角进行安装，布局时充分考虑光伏组件之间及与周围物体的距离，保证不存在阴影遮挡现象。图6-1所示为光伏组件及光伏支架施工排布图。

4. 系统主要配置和设备选型

本项目系统由光伏组件、并网逆变器、并网配电柜、光伏线缆、监控系统等组成。

（1）光伏组件

选用280W多晶硅光伏组件，主要性能参数见表6-1。

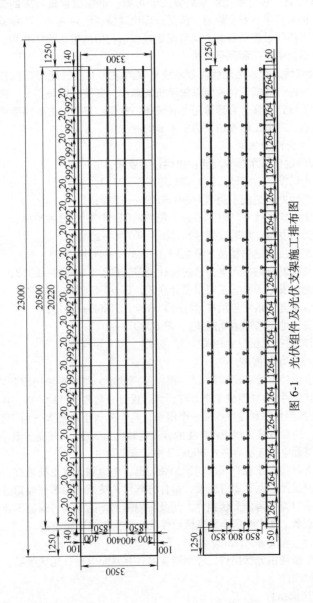

图 6-1 光伏组件及光伏支架施工排布图

表 6-1 光伏组件主要性能参数

组件类型	多晶硅组件
最大功率 P_{max}/W	280
最佳工作电压 U_{mp}/V	31.4
开路电压 V_{oc}/V	38.3
最佳工作电流 I_{mp}/A	8.94
短路电流 I_{sc}/A	9.45
最大系统电压/V	1000
适用温度范围/℃	-40~85
组件尺寸/mm	1650×992×35
重量/kg	18.5

（2）并网逆变器

选用宁波"锦浪"GCI-10K 三相组串式逆变器。该逆变器的主要性能特点如下：

①独立的最大功率跟踪，精确的 MPPT 算法，适合连接不同的光伏组件；②输入电压范围广，输入电流大，适用于大功率光伏组件连接；③在小功率状态能高效运行，符合太阳能运行特点；④适合户外安装运行，IP65 防护等级；⑤环境温度范围：-25~60℃；⑥支持 RS485、WiFi、GPRS 等多种通信方式，WiFi 和 GPRS 监控软件可在手机 APP 中下载；⑦内置多种电网保护功能，能够自动断开电网连接。其主要性能参数见表 6-2。

表 6-2 "锦浪"10kW 并网逆变器主要性能参数

逆变器型号	GCI-10K
最大直流输入功率/kW	11.5
最大直流输入电压/V	1000
MPPT 工作电压范围/V	200~800
最大输入电流/A	18+18
输入连接端数	2/4
额定交流输出功率/kW	10
最大交流输出功率/kW	11
交流输出电压范围/V	313~470
额定交流电压/V	380/400

（续）

额定交流频率/Hz	50
工作频率范围/Hz	47~52
直流绝缘阻抗监测	有
集成直流开关	可选
漏电流监控模块	内部集成
电网监控及保护	有
孤岛保护	有
尺寸（宽×高×厚）/mm	430×613×269
重量/kg	29

（3）并网配电柜

并网配电柜外壳采用厚度为 1.5m 的冷轧钢板制作，并进行喷塑防腐处理，防护等级不低于 IP20。柜内电气元件采用知名品牌产品，使配电柜具备防雷接地、隔离、防逆流、过载保护等功能。

配电柜逆变器输出并网开关选用 DZ47S-32A 型空气断路器；配电柜内配置一组浪涌保护系统，用于防止电网雷电感应过电压对逆变器造成的伤害，其中保护开关采用 DZ47S-25A 型空气断路器，浪涌保护器采用 ADM5-4P/40kA 型；逆变器输出回路串接一只自复式过/欠电压保护器，用于同逆变器一起（逆变器本身自带孤岛保护功能）实现双重孤岛保护；配电柜输出并电网侧要安装一台 HDF-11/100A 型刀开关，用于在光伏发电系统和公共电网系统之间设置明显的并网断开点。该并网配电箱内部结构如图 6-2 所示，电气连接如图 6-3 所示。

（4）光伏线缆

选用通过 TUV、CE 等认证的专业光伏线缆产品。该线缆有以下特点：阻燃，极低的烟释放量；耐化学腐蚀；最高长期工作温度可达90℃；低温条件下的温度保持，敷设时的环境温度在 -40℃及以上即可；敷设时的最小弯曲半径可达 4d。

（5）监控系统

监控与通信系统是利用逆变器配套的数据采集棒通过 RS485 接口从逆变器中获取光伏发电运行状态信息（包括光伏方阵的直流电压、直流电流、直流功率、并网逆变器内部温度、交流输出电压、交流输出电流、交流输出功率、当日发电量、总发电量等数据信息）进行处理，并由数据采集棒内置的 GPRS 或 WiFi 无线传输方式传到云平台储存，通过计算

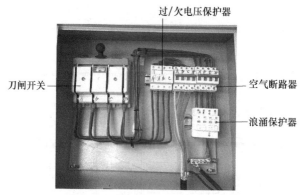

图 6-2　并网配电箱内部结构图

机、手机等设备下载 APP，通过网络进行远程实时监控和查看。

5. 系统的防雷接地

防雷接地系统严格按照 GB 32512—2016《光伏发电站防雷技术要求》的规定要求设计，本方案在整个系统都设有安全可靠防雷装置。并网配电箱配用浪涌保护系统，能有效防止系统过电压（感应雷入侵），所有支架与支架之间通过—40×4（mm）镀锌扁钢可靠连接，构成避雷网带，如图 6-4 所示。光伏组件边框也全部连接并可靠接地。接地装置采用 L50×5×2000（mm）的镀锌角钢接地极垂直打入土质较好的地中，数量不少于 2 根，距地面距离不小于 800mm。接地极引下线通过—40×4（mm）镀锌扁钢与组件方阵支架连接，通过 BVV-1×16 导线与并网配电箱排连接，配电箱、逆变器电气设备均要做可靠接地，实测接地电阻应小于 4Ω，以保证系统与设备正常运行，确保人身安全。

6. 光伏支架及施工安装

对于斜屋顶，一般都是通过不同形式的挂钩连接屋顶和支架横梁，横梁有铝合金和镀锌 C 型钢材质，可根据需要选择。挂钩和支架横梁采用拼装方式连接，无需焊接，光伏组件与支架横梁通过铝制压块固定连接。挂钩与木梁结构的连接是将挂钩用木螺钉固定在木梁上，具体连接方式如图 6-5 所示。挂钩与混凝土结构的连接是将挂钩通过膨胀螺栓或化学锚栓固定在混凝土屋面上，具体连接方式如图 6-6 所示。斜屋顶支架安装完毕后，要将原有瓦片复原敷设。

本系统支架基础采用瓦片屋顶专用 Z 型连接件（Z 型挂钩）通过螺钉与房屋木椽固定。支架所有连接采用螺栓固定，左右突出的支架横梁不要超过 200mm，镀锌钢横梁被切割或表面受损伤部分要做好防锈处理。

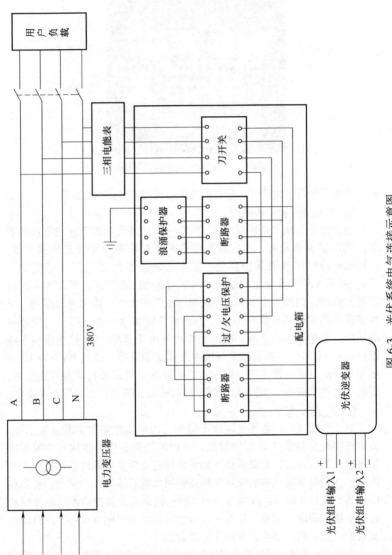

图 6-3 光伏系统电气连接示意图

镀锌扁钢—40×4

图 6-4 防雷接地网带示意图

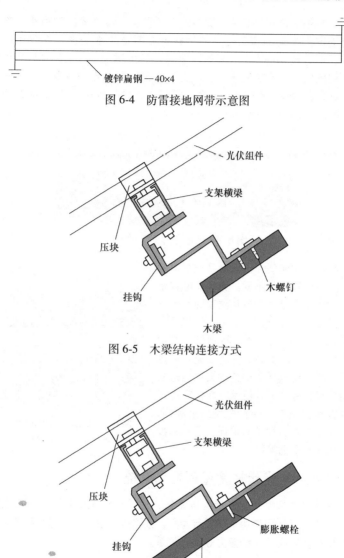

图 6-5 木梁结构连接方式

图 6-6 混凝土结构连接方式

光伏支架安装步骤：根据组件支架排布图尺寸要求做 Z 型钩定

位，掀开相应位置的瓦片，安装固定 Z 型钩，每个 Z 型钩用 4 个自攻螺钉固定到屋顶的檩条上，然后根据需要做防水处理，并把瓦片复原。所有 Z 型钩固定后，开始连接安装 U 型钢横梁，之后把光伏组件依次用压块安装固定在横梁上。安装施工时要注意作业安全，所有设备、钢材、组件轻拿轻放，避免滑落伤人，损坏瓦片。11.2kW 光伏方阵安装效果如图 6-7 所示。

图 6-7　光伏方阵安装效果图

农村住宅屋顶光伏发电系统根据院落和房屋建筑结构不同，光伏发电容量可以根据用户投资多少和屋顶面积大小确定选择，从 3kW、5kW 到 20kW、30kW 都应该可以实施，特别是一些尖顶瓦房、四合院的农户，为了充分利用屋顶面积，要求采用钢结构支架的形式进行安装，如图 6-8 所示。这样实现了尖顶瓦房全覆盖、四合院屋顶全利用，虽然支架成本费用略有提高，但总的投资收益还是很划算的。

图 6-8　农村屋顶钢结构
支架形式实例图

6.2　40kW 光伏扶贫屋顶发电系统

在建筑物屋顶安装光伏发电系统，建设规模主要与可利用安装面积，选用的光伏组件功率和安装倾角，线路的敷设方式，电气设备的安装位置以及电网的接纳能力等都有关系。

1. 工程概况

本项目是山西省长治市武乡县分水岭乡某村的分布式光伏扶贫电站项目，项目所在地位于东经 113°26′，北纬 38°33′，海拔 1181m。光伏方阵朝向正南，倾角 15°~25°。项目建设将利用该村村委会院内屋顶及院内空闲位置，可利用面积合计约 660m²。经前期踏勘，分析计算拟定安装容量约40kW，光伏方阵占用屋顶及院落面积约为300m^2。项目通过单点380V低压并网，并采用全额上网模式。由于该项目供电区域电力消纳能力较强，所发电量基本可以在该区域内就地消纳，因此，虽然采用全额上网的模式，但符合就地消纳的原则。

2. 系统设计原则和依据

参看6.1节相关内容。

3. 系统构成概况

本项目可使用面积约为300m^2，根据屋顶和院落状况，考虑到屋顶安装位置是瓦片屋顶，屋顶老旧，荷载能力比较差，故屋顶部分方阵安装角度依附于屋顶的表面。屋顶倾斜角度约为25°，基本符合光伏发电最大发电量的角度需求，同时为保证系统整体发电的稳定性，院落

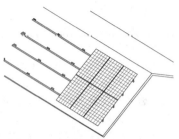

图6-9 屋顶部分组件排布图

部分方阵安装角度将与屋顶部分安装角度统一。光伏组件将平铺在屋顶及院落的钢框架上，屋顶部分组件排布如图6-9所示。

该电站共采用265W多晶硅光伏组件160块，设计为每20块串联构成一组组串，共8组组串，总装机容量为42.4kW。8组组串接入一台40kW的组串式逆变器中，逆变器选用宁波"锦浪"GCI-40K-HV大三相组串式逆变器，逆变器输出的380V三相交流电，通过交流并网配电柜后并入该村380V三相交流配电网中。

4. 系统主要配置和设备选型

本项目系统主要由光伏组件、并网逆变器及监控系统、并网配电箱、光伏支架等组成。

（1）光伏组件

选用265W多晶硅光伏组件，其主要性能参数见表6-3。

表6-3 265W光伏组件主要性能参数

组件类型	多晶硅组件
最大功率 P_{max}/W	265
最佳工作电压 U_{mp}/V	30.8
开路电压 V_{oc}/V	38.3
最佳工作电流 I_{mp}/A	8.61
短路电流 I_{sc}/A	9.1

（续）

最大系统电压/V	1000
适用温度范围/℃	-40~85
长/mm	1640
宽/mm	992
重量/kg	19

（2）并网逆变器

选用宁波"锦浪"GCI-40K-HV 大三相组串式逆变器。该逆变器的主要性能特点：①独立的最大功率跟踪，精确的 MPPT 算法，适合连接不同的光伏组件；②输入电压范围广，输入电流大，适用于大功率光伏组件连接；③最大效率大于 99%；④采用大尺寸彩色液晶显示屏；⑤适合户外安装运行，IP65 防护等级，设计轻便，安装容易；⑥支持 RS485、WiFi、GPRS 等多种通信方式，WiFi 和 GPRS 监控软件可在手机 APP 中下载；⑦内置多种电网保护功能，能够自动断开电网连接，其主要性能参数见表 6-4。

表 6-4 "锦浪"40kW 并网逆变器主要性能参数

逆变器型号	GCI-40K-HV
最大直流输入功率/kW	48
最大直流输入电压/V	1100
MPPT 工作电压范围/V	200~1000
最大输入电流/A	18+18+18+18
输入连接端数	4/8
额定交流输出功率/kW	40
最大交流输出功率/kW	44
交流输出电压范围/V	384~576
额定交流电压/V	480
额定交流频率/Hz	50
工作频率范围/Hz	47~52
直流绝缘阻抗监测	有
集成直流开关	可选
漏电流监控模块	内部集成
电网监控及保护	有
孤岛保护	有
尺寸（宽×高×厚）/mm	630×700×357
重量/kg	61
直流端口	MC4
通信接口	RS485 4 芯端子、RJ45 接口
监控方式	WiFi 或 GPRS

逆变器配套的数据采集棒通过 RS485 接口从逆变器中获取光伏发电运行状态信息，包括：光伏阵列的直流电压、直流电流、直流功率、并网逆变器内部温度、交流输出电压、交流输出电流、交流输出功率、当日发电量、总发电量等数据信息进行处理，并通过 GPRS/WiFi/网线等方式传到网上，通过电脑或者手机进行实时监控。组串式并网逆变器的优点是不占场地，可以安装在不十分显眼但通风散热良好的场所。

（3）并网配电箱

并网配电箱具备防雷接地、隔离、防逆流、过载保护等功能。在配电箱表面设置专用标识和"警告""双电源"等提示性文字和符号。该配电箱在供电负荷与并网逆变器之间，公共电网与负荷之间都使用断路器设置了手动隔离开关和自动断路器，具有明显断开点指示及断零功能。

5. 系统连接及接地

本项目屋顶光伏发电系统峰值功率为 42.4kW，容量符合《国家电网公司光伏电站接入电网技术规定》第 4 条"一般原则"中"小型光伏电站——接入电压等级为 0.4kV 低压电网的光伏电站"的条件。该系统电气连接如图 6-10 所示。每 20 块光伏组件构成 1 个光伏组串，每 2 组组串接入逆变器的 1 路 MPPT 回路。逆变器将光伏直流变换为 380V 交流电后，通过并网配电箱采取"全额上网"方式接入用户配电箱的三相交流母线中。光伏电站所产生的电能大部分被区域内自行消纳，不足部分由电网供给。

本项目的接地系统分两块，地面支架部分的光伏方阵通过钢支架的四个立柱及基础预埋件四点接地。屋顶部分利用 30mm×3mm 镀锌扁铁在屋顶光伏方阵四周做一个接地环网，光伏组件边框及横梁等都就近与环网连接，环网延伸出的扁铁与地面支架进行焊接连接，焊接处做防锈处理。因该屋顶周边有高于光伏方阵的树木和山坡，所以没有为光伏方阵单独安装避雷针。

6. 光伏支架

本项目选用国内知名品牌的光伏支架，其产品通过 ISO 9001 认证中心认证。具有多种规格，适合所有支架零配件安装要求，角度调节可以自由调节。与专利塑翼螺母配合，抗震，防松，防滑，抗剪，抗疲劳荷载。设计厚度合理，保证连接点受力。屋顶支架及组件安装示意如图 6-11 所示，地面支架及制作安装示意如图 6-12 所示。

40kW 光伏扶贫电站实例如图 6-13 所示。

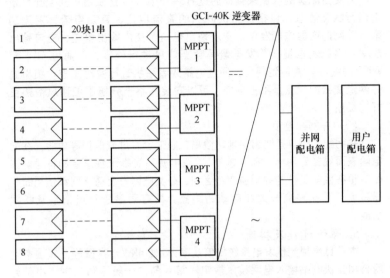

图 6-10　40kW 扶贫发电系统连接示意图

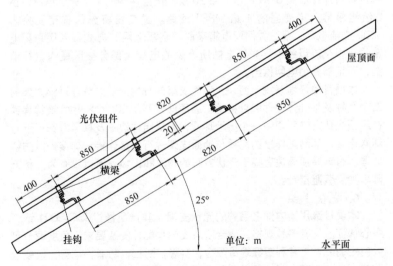

图 6-11　屋顶支架及组件安装示意图

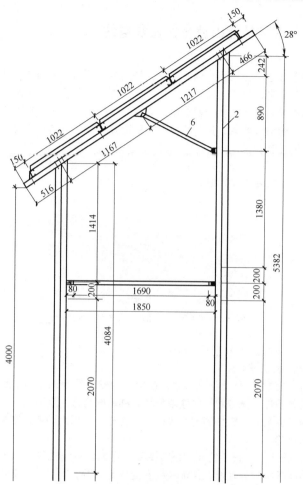

图 6-12　地面支架及制作安装示意图

图 6-13　40kW 光伏扶贫电站实例图

6.3 3.2MW 荒山坡光伏扶贫电站

1. 工程概况

该工程位于山西省长治市某县，长治市位于山西东南部，紧邻太行山脉，部分老百姓相对贫困，有很多无法种植的石头山梁山坡，利用这些荒山荒坡建设分布式光伏电站，实施光伏扶贫，为当地老百姓和贫困户提供一份额外收入，是各级政府对贫困县、乡、村实现精准扶贫、快速脱贫的主要措施之一。项目地位于东经 113.28°，北纬 36.15°，海拔 1190m。当地多年极端最高气温为 37.4℃，多年极端最低气温为 -24.5℃，部分工程外貌如图 6-14 所示。

图 6-14 3.2MW 荒山坡电站部分工程外貌图

2. 系统设计原则和依据

(1) 系统设计原则

1) 高效性。优化设计方案，在给定的安装场地面积内，尽可能地利用地理条件，充分利用平缓地势和各种朝向合适的缓坡，合理排布光伏方阵，提高光伏组件的利用效率，达到充分利用太阳能，提高最大发电量的目的。

2) 安全性。设计的光伏系统要安全可靠，保证抗风、抗雪载荷能力，消除各种安全隐患，保证系统安全稳定运行。施工过程中要保证绝对安全，遵守各种安全作业规范和施工操作规范。尽可能地减少系统运行中的维修维护费用，同时应考虑到方便施工和利于维护。

3) 经济性。在满足光伏发电系统发电效果和各项性能指标的前提下，充分考虑光伏发电系统装机容量分散、安装距离远等特点，最大限度的优化设计方案，优化调整布局，合理选用各种设备、材料，把不必要的浪费消除在设计阶段，降低工程造价，为业主节约投资。

(2) 系统设计依据

参看 6.1 节相关内容。

3. 系统构成概况

根据施工地地形地貌及可利用面积，设计总发电容量为 3.256MW，采用分块发电，集中并网方案。整个系统共使用 265W 多晶硅光伏组件 12288 块，每 24 块光伏组件构成一个方阵，共有 512 个方阵，方阵固定倾角为 34°。系统使用 50kW 组串式逆变器 64 台，4 进 1 出交流汇流箱 16 台，1.6MW/10kV 箱式变电站 2 台。

由于 3.2MW 的光伏并网电站功率容量较大，同时考虑到受安装现场地形地貌的限制，所有的光伏组件很难具有统一的安装倾斜角度和方位，所以，本系统采用以 50kW 为一个组成单元，4 个单元为 1 个子阵的多组并联的方案，即系统中每 24 块组件串联连接构成一个组串方阵，每 8 个方阵汇入一台 8 路输入逆变器中构成 50kW 输出容量的 1 个单元，每 4 个单元构成 1 个子阵，输出的三相交流电汇入交流汇流箱并联构成 200kW 的输出容量，经 4 台交流汇流箱输出的交流电进入箱式变电站后并联汇流形成 800kW 的输出容量接入双分裂升压变压器的一个绕组，另一路 800kW 容量构成相同。进入升压配电站后的 1600kW 容量经 0.5/10kV（1600kV·A）变压器升压装置后，实现整个并网发电系统的并入 10kV 中压交流电网。1.6MW 系统构成示意如图 6-15 所示，整个系统由两个 1.6MW 的系统组成。

4. 系统主要配置和设备选型

该系统主要由光伏组件、光伏逆变器、交流汇流箱、箱式变电站等构成。

（1）光伏组件

本系统选用"潞安"265W 多晶硅光伏组件，组件型号 LA60-6-265P，其主要性能参数见表 6-5。

表 6-5 "潞安"265W 多晶硅光伏组件主要性能参数

组件类型	多晶硅组件
最大功率 P_{max}/W	265
最佳工作电压 U_{mp}/V	31.2
开路电压 V_{oc}/V	38.0
最佳工作电流 I_{mp}/A	8.5
短路电流 I_{sc}/A	9.1
最大系统电压/V	1000
适用温度范围/℃	−40~85
长/mm	1640
宽/mm	992
重量/kg	18

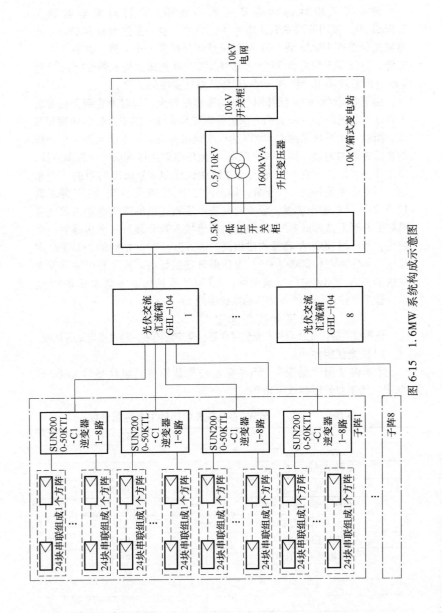

图 6-15 1.6MW 系统构成示意图

（2）光伏逆变器

在光伏逆变器的选择上，考虑到施工地的山地地形起伏较大，光伏组件安装方位角可能不完全一致，方阵朝向一致性较低，其光伏方阵受地形影响相对分散，所以选用组串型光伏逆变器以保证系统技术性能。本项目选用了"华为"品牌的 SUN2000-50KTL-C1 型 50kW 逆变器，外形如图 6-16 所示。这款逆变器是将直流汇流和逆变器"二合一"的产品，有 8 路输入，其电路框图如图 6-17 所示。该逆变器的主要性能特点：

图 6-16　华为 50kW 逆变器外形图

1）8 路高精度智能组串检测，减少故障定位时间 80%；

2）采用 PLC 电力载波通信技术，无需专用通信线缆；

3）最高效率 99%，中国效率 98.49%；

4）500V 交流电压输出，比 400V 交流电压输出可减少 36% 的线损；

5）交流输出无 N 线，可节省 20% 的交流线缆投资；

6）无熔丝设计，避免直流侧故障引起的火灾隐患；

7）自然散热，IP65 防护等级，设计轻便，安装容易；

8）内置交直流防雷模块，全方位防雷保护。主要性能参数见表 6-6。

表 6-6　华为 50kW 光伏逆变器主要性能参数

逆变器型号	SUN2000-50KTL-C1
最大直流输入功率/kW	53.5
最大直流输入电压/V	1100
MPPT 工作电压范围/V	200~1000
额定输入电压/V	750
最大输入电流/A	22+22+22+22
最大输入路数	8
MPPT 数量	4

（续）

额定交流输出功率/kW	47.5
最大视在功率/kV·A	52.5
额定输出电压/V	3×288/500+PE
额定输出电流/A	54.9
额定电压频率/Hz	50
最大输出电流/A	60.8
功率因数	0.8 超前……0.8 滞后
最大总谐波失真	<3%
输入直流开关	支持
防孤岛保护	支持
输出过流保护	支持
输入反接保护	支持
组串故障检测	支持
直流浪涌保护	TYPE Ⅱ
交流浪涌保护	TYPE Ⅱ
绝缘阻抗监测	支持
RCD 检测	支持
显示	LED 指示灯；蓝牙+APP
RS485、USB、PLC	支持
尺寸（宽×高×厚）/mm	930×550×260
重量/kg	55
工作温度/℃	−25~60
冷却方式	自然对流
最高不降额工作海拔/m	4000
相对湿度	0~100%
输入端子	Amphenol H4
输出端子	防水 PG 头+GT 端子
防护等级	IP65
夜间自耗电	<1W
拓扑	无变压器

（3）交流汇流箱

交流汇流箱采用单母线接线，4 进 1 出方式，输入侧 4 路各设 1 个 3 极微型断路器，额定电流 63A，额定电压 AC 540V，额定绝缘电压 690V；输出侧为 1 路，设 3 极负荷隔离开关，额定电流 250A，额定电压 AC 540V，额定绝缘电压 690V；主回路并接光伏专用防雷器，额定工作

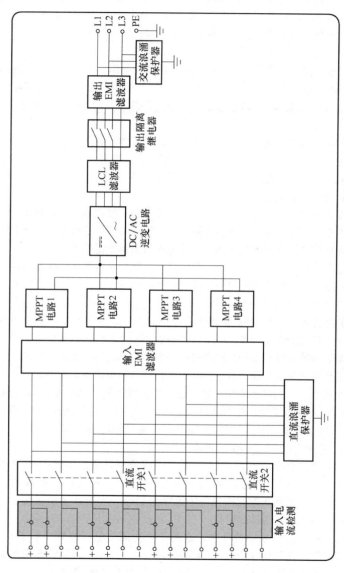

图6-17 华为50kW 逆变器电路框图

电压 540V，动作电压 1600V，标称放电电流 20kA，最大放电电流 40kA。

汇流箱箱体外壳采用不锈钢加涂防腐漆，防水、防灰、防锈、防晒、防盐雾，防护等级为 IP65，可满足室外安装的要求。汇流箱进出线电缆采用下进下出方式，电缆进入汇流箱处设有防水密封圈。

(4) 箱变内交流汇流柜

箱变内交流汇流柜与交流汇流箱原理结构类似，也是采用单母线接线，9 进 1 出方式，输入侧 9 路各设 1 个 3 极塑壳断路器，额定电流 250A，额定电压 AC 540V，额定绝缘电压 690V；输出主回路设 3 极空气断路器（框架开关），额定电流 2000A，额定电压 AC 540V，额定绝缘电压 690V；主回路由箱变低压侧开关柜内部设导体连通至变压器低压侧。

主回路并接光伏专用防雷器，额定工作电压 540V，动作电压 1600V，标称放电电流 40kA，最大放电电流 80kA。

5. 防雷接地系统

本项目在光伏方阵群内没有单独架设直击雷接闪器，而是利用光伏组件边框和方阵支架的等电位连接形成接闪器装置。逆变器、交流汇流箱、箱式升压站等设备均采用金属外壳作为防直击雷接闪器。

这个项目设置了防雷接地、系统接地、保护接地和工作接地共用的接地系统，接地系统由接地引下线和接地极构成。光伏系统所有外露的金属构件（包括光伏组件边框、光伏方阵支架、线缆桥架、逆变汇流设备的外壳等）、建筑物的避雷带等都将通过防雷接地引下线引入地下接地极。各变压器中性点，各电气设备的 N 线、PE 线或 PEN 线，二次保护装置的等电位接地铜排或逻辑接线端子，也均通过专设的接地引下线连接至接地装置。接地极主要有水平接地极和垂直接地极组成，以水平接地极为主，垂直接地极为辅，形成复合接地网。水平接地极采用-60×6mm 热镀锌扁钢，埋深距地面 0.8m，垂直接地极采用 L60×60×6mm 热镀锌角钢，长度 2.5m 打入地下，顶端距地面 0.8m 的位置。

6. 基础、支架及组件排布

本项目共 512 个光伏单方阵，设计 512 套光伏固定支架和 4069 个微孔灌注桩基础。单方阵固定支架按 3 行×8 列设计，基本风压 0.42kN/m²，光伏支架的结构安全等级为三级。本项目 2 个箱式变电站基础采用箱形联合基础结构。

该工程根据现场地质条件，选用了微孔灌注桩（直埋式）基础。基础地面开孔孔径约 130mm，基础孔深度为 1.5m。基础桩选用预制钢管桩，桩体长度 1.5m 左右，钢管直径 78mm，桩体露出地面高度约 0.3m。基础结构及方阵基础分布如图 6-18 所示。

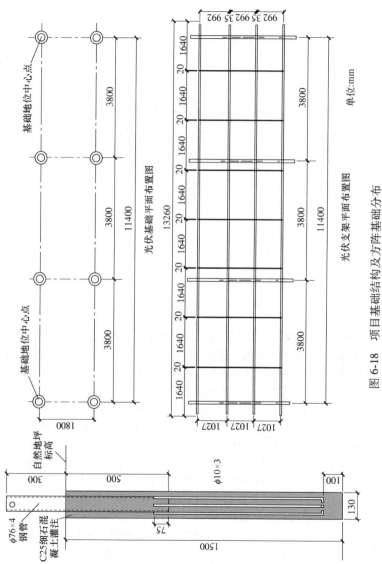

图 6-18 项目基础结构及方阵基础分布

该工程全部采用钢结构支架，由下往上分别由立柱、斜梁、斜撑、横梁等组成，支架结构 6-19 所示。各构件碳型钢材或冷弯薄壁制造，材质为 Q235B，镀锌层厚度为 65μm。组件压块为铝合金材质。

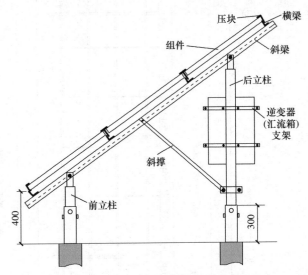

图 6-19　光伏支架结构示意图

支架立柱与调节板螺栓连接，用于调节上下高度，立柱前后设置一道斜梁，与立柱采用三角件连接，斜梁上设置四道横梁，横梁与斜梁采用螺栓连接。横梁与光伏组件采用托板和压块连接。为了确保支架立柱与斜梁的结构稳定性，在斜梁与后立柱之间设置一道斜支撑。在两个后立柱之间设置固定两道横梁，用于放置安装逆变器。

本项目光伏方阵排布及方阵直流线缆连接方式如图 6-20 所示。由于光伏场区位于山地，光伏方阵的排布采用了 3 行横向排列的方案，每个方阵由 24 块组件构成。光伏组件之间的接线，主要利用光伏组件自带的正负极引出线缆顺序连接，即前一块组件的正极与后一块组件的负极连接，将 24 块组件串联成一个组件串。组件串到逆变器之间的连线，采用 1×4mm^2 直流光伏线缆。

逆变器输出到交流汇流箱的接线采用 3×16mm^2 线缆；交流汇流箱输出到箱式变电站低压侧的接线采用 3×95mm^2 线缆。

7. 监测与通信系统

本项目的监控与通信系统，是在光伏场区各箱变室内设置 1 台光纤

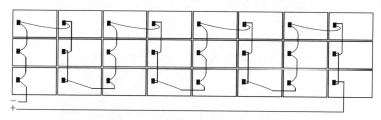

图 6-20 光伏方阵排布及方阵直流线缆连接方式示意图

环网交换机，按以太网组网后通过光纤接入附近升压站的交换机，实现光伏监控系统光伏场区与升压站之间的通信互联。

每台逆变器自带逆变器智能测控功能，用于采集逆变器相关的交流量、保护动作及运行状态信号和控制逆变器的启停机。每台直流汇流箱内自带一个汇控箱智能测控装置，用于检测输入电流、电压量及熔断器熔断信号、断路器跳闸及状态信号。每台箱变自带一个箱变智能测控装置，用于采集箱变测量电气量、运行状态及保护信号和控制箱变高低压侧开关。箱变智能测控装置须具有规约转换功能。

上述各逆变器智能测控及汇流箱智能测控装置通过 RS485 通信线接入箱变智能测控装置，箱变智能测控装置通过以太网线接入所属箱变室控制柜内的光纤环网交换机，再通过光纤接入升压站内光纤以太网交换机。

6.4 705kW 光伏扶贫联村电站

1. 工程概况

本项目为某光伏扶贫联村电站，位于山西省忻州市五台县，该县属温带大陆性半干旱气候，四季分明，冬季寒冷少雪，春季温暖干燥多风，夏季炎热而雨量集中，秋季天高气爽。多年平均气温 8.4℃，一月份最冷，平均气温 -8.5℃，七月份最热，平均气温 23℃。多年平均降水量为 450mm，最大冻土深度为 120mm。本项目建设安装容量705.6kW，项目地址场地较为平坦，地质结构简单，交通便利，无特殊地质灾害，有较丰富的太阳能资源条件，能保证较稳定的发电量。工程外貌如图 6-21 所示。

2. 系统构成与配置

根据施工地地形地貌及可利用面积，设计总发电容量为 705.6kW，如图 6-22 所示。采用分块发电，集中并网方案。整个系统共使用

图 6-21　705kW 光伏扶贫联村电站工程外貌

360W 单晶硅光伏组件 1960 块，每 20 块光伏组件构成一个方阵，共有 98 个方阵，方阵固定倾角为 37°。系统使用 50kW 组串式逆变器 2 台，80kW 组串式逆变器 6 台，2 进 1 出交流汇流箱 4 台，400kV·A、380V/10kV 升压变压器 2 台。

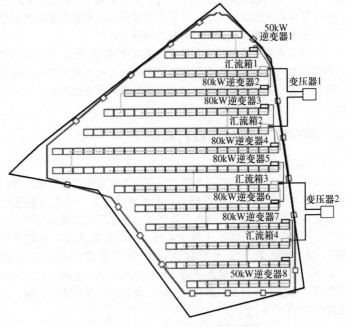

图 6-22　项目方阵分布及连接方式

由于安装现场地块形状的限制，本系统地块南侧和北侧各以 7 个方阵为一个单元输入 1 台 50kW 逆变器中，中间部位分别以各 14 个方阵为一个单元分别就近输入到 6 台 80kW 逆变器。各逆变器输出的三相交流电汇入相应的交流汇流箱并联构成 705. 6kW 的输出容量，经 4 台交流汇流箱输出的交流电分别进入两台升压变压器中，并联汇流形成各352. 8kW 的输出容量经 0. 4/10kV（400kV·A）变压器升压后，并入10kV 中压交流电网，系统构成的主要设备及材料见表 6-7。

表 6-7 705. 6kW 光伏系统主要设备及材料清单

序号	名称	规格型号	单位	数量	备注
1	光伏组件	360W 单晶硅	块	1960	装机容量705. 6kW
2	组串式并网逆变器	50kW	台	2	
3	组串式并网逆变器	80kW	台	6	
4	光伏专用直流线缆	PV1-F-1×4mm^2	m	9000	
5	光伏汇流箱	2 汇 1	台	4	
6	交流电缆	ZRC-YJY22-0. 6/1kV-3×35	m	80	
7	交流电缆	ZRC-YJY22-0. 6/1kV-3×30	m	240	
8	交流线缆	ZRC-YJY22-0. 6/1kV-3×185	m	200	
9	PVC 管	D20	m	400	保护光伏线缆埋地
10	PVC 管	D50	m	80	保护低压线缆埋地
11	PVC 管	D80	m	240	保护低压线缆埋地
12	PVC 管	D150	m	80	保护低压线缆埋地
13	柔性有机防火堵料		kg	15	
14	水性电缆防火涂料		kg	30	

3. 设备选型及匹配设计

本项目系统由光伏组件、光伏逆变器、交流汇流箱、升压变压器、防雷接地和监控系统等组成。

（1）系统直流电压的确定

在光伏并网发电系统中，系统直流侧的最高工作电压主要取决于逆变器直流侧最高电压，以及在直流回路中直流断路器额定工作电压。但设备的工作电压与设备所处的工作环境和海拔有关，由于本项目场址平均海拔小于1000m，空气相对比较干燥，电站现场设备的绝缘水平应与正常使用条件基本相当，可以按正常工作条件进行设计。

（2）光伏组件

本项目选用某品牌EN156M-72-360W单晶360W光伏组件，在计算组件串联数量时，必须根据组件的工作电压和逆变器直流输入电压范围，同时需要考虑组件的工作电压温度系数、开路电压温度系数，合理确定最佳串联数，以便各种情况下系统均能工作在最大功率电压跟踪范围内，从而获得最大发电量输出。光伏组件主要性能参数见表6-8。

表6-8　单晶硅太阳电池组件主要性能参数

太阳能电池类型	单晶硅电池
标称峰值功率/W	360
最佳工作电压 U_{mp}/V	39.85
标称开路电压 V_{oc}/V	48.78
最佳工作电流 I_{mp}/A	9.04
标称短路电流 I_{sc}/A	9.54
最大系统电压/V	1000
适用工作温度范围/℃	−40~85
组件尺寸 长×宽×厚/mm	1960×992×40
重量/kg	21.5

（3）光伏逆变器

在综合考虑系统效率、组串连接方便、MPPT路数等因素后，对比选用宁波"锦浪"GCI-50K和GCI-80K-5G大三相组串式逆变器，光伏方阵容量与逆变器额定功率容配比为1.21∶1。其主要性能特点：

1）独立的最大功率跟踪，高精确、高速度的MPPT追踪算法；

2）多路MPPT输入，电压范围宽，支持13A大电流输入，支持最大130%以上的直流侧超配；

3）超低启动电压、超宽电压范围；

4）户外IP65防护等级，设计轻便，安装简单；

5）组串级监控，提升运维效率；

6）可选AFCI直流电弧故障保护，保障电站安全；

7）具有直流反接、交流短路、交流输出过电流、输出过电压、绝缘阻抗保护,浪涌、孤岛、温度保护,残余电流检测,并网检测等功能。主要性能参数见表6-9。

表6-9 光伏逆变器主要性能参数

逆变器型号	GCI-50K	GCI-80K-5G
最大直流输入功率/kW	60	<120
最大直流输入电压/V	1100	
额定输入电压/V	600	
启动电压/V	200	195
MPPT 工作电压范围 /V	200~1000	180~1000
最大输入电流/A	4×28.5	9×26
输入连接端数	4/12	9/18
额定交流输出功率/kW	50	80
最大交流输出功率/kW	55	88
额定电网电压/V	3/N/PE 380	
额定交流频率/Hz	50	
额定电网输出电流/A	76.0	121.6
最大输出电流/A	83.3	133.7
功率因数	>0.99(0.8 超前…0.8 滞后)	
总电流谐波畸变率	<3%	
最大效率	98.8%	98.7%
欧洲效率/中国效率	98.4%	98.3%
尺寸（宽×高×深）/mm	630×700×357	1014×567×314.5
重量/kg	63	82
拓扑	无变压器	
自耗电	<1W(夜晚)	<2W(夜晚)
工作环境温度/湿度	-25~60℃/0~100%	
防护等级	IP65	IP66
最高工作海拔/m	4000	
并网标准 安规/EMC 标准	NB/T 32004 IEC62109-1/-2，EN61000-6-2/-4	

（续）

逆变器型号	GCI-50K	GCI-80K-5G
直流端口	MC4 连接器	
交流端口	OT 端子	OT 端子 （最大 185mm²）
通信接口	RS485；可选：WiFi，GPRS，PLC	
显示屏	LCD，2×20 Z	

（4）交流汇流箱

交流汇流箱选用 2 汇 1 交流防雷汇流箱，这款交流汇流箱的主要特点：

1）电压覆盖范围广，可配套 AC 400~690V 不同输出电压的逆变器使用；

2）重量轻、体积小、安装方便；

3）可满足极端环境条件使用要求，防护等级为 IP65；

4）标配防雷模块，防雷性能可靠。该汇流箱采用单母线接线，2 进 1 出方式，输入侧 2 路各设 1 个额定电流 200A 的断路器，总输出开关为额定电流 400A 的断路器，主回路并接了交流浪涌防雷器。

4. 系统电气连接与接入方案

本项目系统连接如图 6-23 所示，地块北面两排共 140 块光伏组件构成的 7 个组串（方阵），共 50.4kW，每 2 串 1 组分别接入 50kW 逆变器的 3 个 MPPT 输入端，另 1 串接入第 4 路 MPPT 输入端，其余输入端口备用；中间 11 排方阵中每 14 个组串（方阵），各 100.8kW，按照设计连接方式接入一台 80kW 的逆变器中，每 2 串接入 1 路 MPPT 输入端，其余 2 路 MPPT 输入端口备用，6 台 80kW 逆变器以此类推、依次连接。地块最南端两排中剩余的 7 个组串（方阵），共 50.4kW，接入另一台 50kW 逆变器的 MPPT 输入端，接法与 1 号逆变器相同。

光伏发电接入方式将参照国家电网分布式光伏接入典型设计方案，同时遵照分布式光伏电站相关行业标准和规范，根据项目场地附近电网规划情况，采用 2 台单台容量为 400kV·A 的升压变压器，经升压后通过 T 接方式就近接入 10kV 电网。

5. 基础、支架结构及组件排布

（1）光伏支架基础设计

光伏支架基础设计应结合该场址工程地质条件及光伏发电站的特

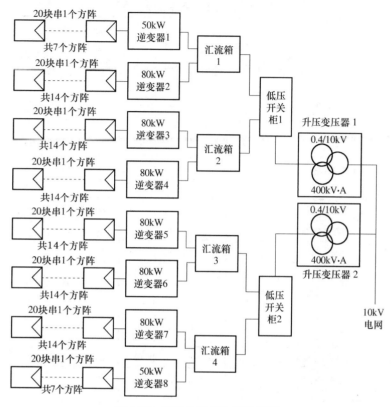

图 6-23 705kW 系统连接示意图

点，在保障安全要求的前提下，尽量减少建筑材料耗量及土方搬运量，节约资源，保护环境。即做到安全适用、技术先进、经济合理，保护环境。

根据现行行业标准 JGJ94 中的相关规定，为保证基础安全、稳定，参照表 6-10 中各类基础适用条件，结合项目地土质情况，光伏支架基础按现浇钢筋混凝土灌注桩基础设计。灌注桩桩径为250mm，光伏支架桩基础锚入地面 1500~2000mm，出露地面不小于 300mm，混凝土强度等级 C30。灌注桩桩内埋设钢筋地笼预埋件和基础螺栓预埋件，光伏支架通过基础预埋螺栓与桩基础连接，具体尺寸如图 6-24 所示。

表 6-10　各类岩土条件基础适用表

岩土条件		钢管螺旋桩	型钢桩	混凝土预制桩	预应力混凝土桩	灌注柱	混凝土独立基础	混凝土条形基础	岩石植筋锚杆
岩石	残积土	○	○	△	△	△	△	△	×
	全风化	○	○	△	△	△	△	△	×
	强风化	×	×	×	×	○	△	△	×
	中等风化—未风化	×	×	×	×	×	○	×	×
碎石土	漂石、块石	×	×	×	×	○	△	△	×
	卵石、碎石	△	△	×	×	○	△	△	×
	圆砾、角砾	○	○	△	△	○	△	△	×
砂土 密实程度	松散—稍密	○	○	△	△	×	△	△	×
	中密—密实	○	○	×	△	△	△	△	×
粉土	稍密—密实	○	○	△	△	△	△	△	×
黏土	流塑—软塑	△	△	○	△	△	×	×	×
	可塑—坚硬	○	○	△	△	△	△	△	×
地下水	有	—	—	—	—	×	×	×	×
	无	—	—	—	—	○	○	○	○

注：表中符号○表示适用；△表示可以采用；×表示不适用；—表示此项无影响。

(2) 光伏支架设计

光伏组件支架的选择应合理选用材料、结构方案和构造措施，保证结构在运输、安装和使用过程中满足强度、稳定性和刚度要求，满足抗震、抗风和防腐蚀等要求。综合考虑光伏组件的受力特点及施工、运行维护等因素，支架采用钢支架。钢结构支架直接承担太阳能组件的自重、风荷载、雪荷载、温度荷载、地震力等荷载，并将以上荷载传至支架基础。

光伏支架由 2 排竖放 5 列光伏组件组成，每个支架安装 10 块光伏

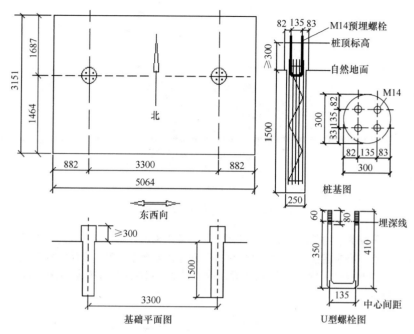

图 6-24 光伏支架基础结构尺寸设计

组件，每两组支架组成一个光伏方阵，两方阵组件之间的距离为300mm。光伏组件尺寸为1960mm×992mm×40mm，每个支架的光伏组件安装间隙为上下为26mm，左右为20mm，兼顾光伏场区可占用面积及安装容量，方阵倾角设计为37°，组件最低点距地面不小于0.5m。支架采用纵向檩条，横向支架布置方案，支架间距约3.2m，支架由立柱、横梁及斜撑组成，支架形式为三角形平面桁架结构。支架构件除满足强度、稳定性和刚度要求外，受压和受拉构件须满足长细比要求。用于主梁和柱板厚均不小于2.5mm，次梁的板厚不小于1.5mm。支架工厂加工制作，现场组装。钢支架的防腐采用热镀浸锌，镀锌层平均厚度不小于65μm。

为了确保支架在长度方向上的结构稳定性，在每个结构单元的立柱沿长度方向上设置两道斜拉杆，设置在单元的端部，拉杆采用圆钢，光伏支架的具体结构和尺寸如图6-25所示。

在支架和横梁之间，按照光伏组件的安装宽度布置檩条，用于直

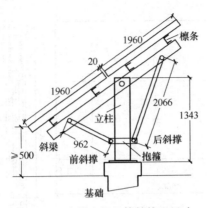

图 6-25 光伏支架具体结构和尺寸

接承受光伏组件的重量，檩条固定于支架横梁上。组件每条长边上有两个点与檩条连接，一块光伏组件共有四个点与檩条固定。光伏组件与檩条的连接采用铝合金压块连接。光伏方阵组件的平面布置如图 6-26 所示。

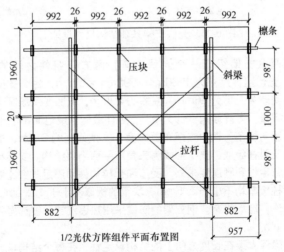

1/2光伏方阵组件平面布置图

图 6-26 光伏方阵组件的平面布置

（3）光伏方阵行间距计算

依据 GB50797—2012《光伏发电站设计规范》，为了避免前后方

阵之间的阴影遮挡，光伏组件方阵水平间距应不小于 d，计算公式为

$$d=H\frac{0.707\tan\phi+0.4338}{0.707-0.4338\tan\phi}$$

式中，ϕ 为当地地理纬度；H 为前排方阵最高点与后排方阵组件最低位置的高度差。

根据上式计算，求得本项目前后方阵间距为：$d=6540mm$。

（4）设备排布

本项目光伏逆变器及交流汇流箱等设备均要安装在项目地块东侧（靠近升压变压器）的光伏方阵支架上。柱上升压变压器在布置时要避免对其左、右侧和南侧光伏方阵的遮挡，其阴影长度按照冬至日（真太阳时）上午9点至下午3点时间段要无影子遮挡光伏方阵。此外，柱上升压变压器布置在场区大门附近路口，便于设备的安装与维护。

6. 防雷接地系统

在逆变器内交、直流侧均装设有浪涌保护器，可以防止雷电波入侵和操作过电压。

在光伏厂区利用光伏组件边框及支架作为接闪器保护光伏组件及电气设备。全场接地网采用以水平接地体为主，辅以垂直接地极的人工复合接地网。在每个交流汇流箱和组串式逆变器处设有垂直接地极，以便更好地散流。每个光伏方阵均接至水平接地网。每块光伏组件都通过接地跳线互连，并与光伏支架通过接地线缆可靠连接。

光伏场区采用—40×4 镀锌扁钢作为水平接地体干线，光伏场区单元之间及设备连接接地线也采用—40×4 镀锌扁钢，垂直接地极采用 L50×50×5 镀锌角钢，长度为 2.5m。接地网整体接地电阻要求不大于 4Ω。场区防雷接地系统连接如图 6-27 所示。

所有逆变器、汇流箱、变压器外壳的接地要与光伏阵区主接地网可靠联结，所有支架均通过—40×4 热镀锌扁钢与主接地网可靠连接，连接焊接处做好防腐处理。水平接地网埋深不小于 0.8m，过马路处要穿钢管保护。垂直接地极与主接地网可靠搭接，两个垂直接地极之间距离不小于 5m。接地扁钢搭接长度不小于其宽度的 2 倍，不少于三面焊接，焊接处应涂防腐材料，室内室外接地扁铁裸露处应涂 30~60mm 宽度相等的黄绿相间漆。

相邻光伏组件通过 $4mm^2$ 的黄绿铜线相互连接，两端连接至檩条，黄绿接地线两端采用冷压铜接线鼻连接，用螺栓分别固定于电池组件接地孔及支架檩条预留孔洞中，通过光伏支架实现接地。每组光伏支架通过镀锌扁钢与主接地网连接，每组光伏支架至少保证有两个点与相邻的

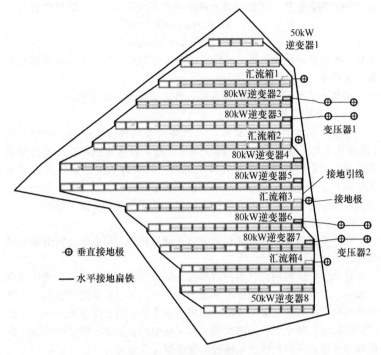

图 6-27　防雷接地系统的连接

主接地网或支架连接，形成可靠地电气通路。

逆变器和汇流箱需要有明显的接地线与主接地网连接，且在附近设置垂直接地极，接地线采用 25mm^2 的铜绞线。

其他电气装置和设施的外壳金属部分，施工时要根据现场情况以最短路径接地。

7. 监测与通信系统

与其他方案一样，该方案监控装置也是采用内部集成了 GPRS 模块的数据采集器，通过 RS485 端口与 8 台逆变器的 RS485 端口进行连接，获取光伏发电系统的各种工作状态数据及信息，通过 GPRS 移动网络传输数据，确保用户可以长期、稳定地获取采集器数据，不间断地监控光伏发电系统工作状况。用户可通过手机、电脑等设备下载 APP，经网络远程访问云平台，实现光伏发电系统的运营管理。

附 录

各城市并网光伏电站最佳安装倾角和发电量速查表^㊀

　　该速查表中的发电量是按照整个发电系统总效率79%计算的，参考计算时不必再考虑系统效率问题。速算表中的每瓦首年发电量与电站实际装机容量的乘积就是该电站的年发电量。

　　速查表中的最佳安装倾角是根据当地经纬度换算出来的，在实际应用中，光伏电站的最佳安装倾角是有一定的角度区间的。最佳安装倾角的确定还要根据当地的气候条件，在满足电站支架强度及整体稳定性的前提下，使全年发电量最大的角度是真正的最佳安装角度。

序号	区域	类别	城市名称	安装角度/(°)	峰值日照时数/(h/天)	每瓦首年发电量/[(kW·h)/W]	年有效利用小时数/h
1	直辖市	直辖市	北京	35	4.21	1.214	1213.95
2			上海	25	4.09	1.179	1179.35
3			天津	35	4.57	1.318	1317.76
4			重庆	8	2.38	0.686	686.27
5	东北地区	黑龙江省	哈尔滨	40	4.3	1.268	1239.91
6			齐齐哈尔	43	4.81	1.388	1386.96
7			牡丹江	40	4.51	1.301	1300.46
8			佳木斯	43	4.3	1.241	1239.91
9			鸡西	41	4.53	1.308	1306.23

㊀　各项统计数据均未包括香港特别行政区、澳门特别行政区和台湾地区。

（续）

序号	区域	类别	城市名称	安装角度/(°)	峰值日照时数/(h/天)	每瓦首年发电量/[(kW·h)/W]	年有效利用小时数/h
10			鹤岗	43	4.41	1.272	1271.62
11			双鸭山	43	4.41	1.272	1271.62
12		黑	黑河	46	4.9	1.415	1412.92
13		龙	大庆	41	4.61	1.331	1329.29
14	东	江	大兴安岭-漠河	49	4.8	1.384	1384.08
15		省	伊春	45	4.73	1.364	1363.90
16	北		七台河	42	4.41	1.272	1271.62
17			绥化	42	4.52	1.304	1303.34
18	地		长春	41	4.74	1.367	1366.78
19			延边-延吉	38	4.27	1.231	1231.25
20		吉	白城	42	4.74	1.369	1366.78
21	区	林	松原-扶余	40	4.63	1.336	1335.06
22		省	吉林	41	4.68	1.351	1349.48
23			四平	40	4.66	1.344	1343.71
24			辽源	40	4.7	1.355	1355.25
25			通化	37	4.45	1.283	1283.16
26			白山	37	4.31	1.244	1242.79
27			沈阳	36	4.38	1.264	1262.97
28		辽	朝阳	37	4.78	1.378	1378.31
29		宁	阜新	38	4.64	1.338	1337.94
30		省	铁岭	37	4.4	1.269	1268.74
31			抚顺	37	4.41	1.274	1271.62
32			本溪	36	4.4	1.271	1268.74
33			辽阳	36	4.41	1.272	1271.62

（续）

序号	区域	类别	城市名称	安装角度/(°)	峰值日照时数/(h/天)	每瓦首年发电量/[(kW·h)/W]	年有效利用小时数/h
34	东北地区	辽宁省	鞍山	35	4.37	1.262	1260.09
35			丹东	36	4.41	1.273	1271.62
36			大连	32	4.3	1.241	1239.91
37			营口	35	4.4	1.269	1268.74
38			盘锦	36	4.36	1.258	1257.21
39			锦州	37	4.7	1.358	1355.25
40			葫芦岛	36	4.66	1.344	1343.71
41	华北地区	河北省	石家庄	37	5.03	1.453	1450.40
42			保定	32	4.1	1.182	1182.24
43			承德	42	5.46	1.574	1574.39
44			唐山	36	4.64	1.338	1337.94
45			秦皇岛	38	5	1.442	1441.75
46			邯郸	36	4.93	1.422	1421.57
47			邢台	36	4.93	1.422	1421.57
48			张家口	38	4.77	1.375	1375.43
49			沧州	37	5.07	1.462	1461.93
50			廊坊	40	5.17	1.491	1490.77
51			衡水	36	5	1.442	1441.75
52		山西省	太原	33	4.65	1.341	1340.83
53			大同	36	5.11	1.474	1473.47
54			朔州	36	5.16	1.489	1487.89
55			阳泉	33	4.67	1.348	1346.59
56			长治	28	4.04	1.165	1164.93
57			晋城	29	4.28	1.234	1234.14
58			忻州	34	4.78	1.378	1378.31

（续）

序号	区域	类别	城市名称	安装角度/(°)	峰值日照时数/(h/天)	每瓦首年发电量/[(kW·h)/W]	年有效利用小时数/h
59	华北地区	山西省	晋中	33	4.65	1.342	1340.83
60			临汾	30	4.27	1.231	1231.25
61			运城	26	4.13	1.193	1190.89
62			吕梁	32	4.65	1.341	1340.83
63		内蒙古自治区	呼和浩特	35	4.68	1.349	1349.48
64			包头	41	5.55	1.6	1600.34
65			乌海	39	5.51	1.589	1588.81
66			赤峰	41	5.35	1.543	1542.67
67			通辽	44	5.44	1.569	1568.62
68			呼伦贝尔	47	4.99	1.439	1438.87
69			兴安盟	46	5.2	1.499	1499.42
70			鄂尔多斯	40	5.55	1.6	1600.34
71			锡林郭勒	43	5.37	1.548	1548.44
72			阿拉善	36	5.35	1.543	1542.67
73			巴彦淖尔	41	5.48	1.58	1580.16
74			乌兰察布	40	5.49	1.574	1583.04
75	华中地区	河南省	郑州	29	4.23	1.22	1219.72
76			开封	32	4.54	1.309	1309.11
77			洛阳	31	4.56	1.315	1314.88
78			焦作	33	4.68	1.349	1349.48
79			平顶山	30	4.28	1.234	1234.14
80			鹤壁	33	4.73	1.364	1363.90
81			新乡	33	4.68	1.349	1349.48
82			安阳	30	4.32	1.246	1245.67
83			濮阳	33	4.68	1.349	1349.48

（续）

序号	区域	类别	城市名称	安装角度/(°)	峰值日照时数/(h/天)	每瓦首年发电量/[(kW·h)/W]	年有效利用小时数/h
84	华中地区	河南省	商丘	31	4.56	1.315	1314.88
85			许昌	30	4.4	1.269	1268.74
86			漯河	29	4.16	1.2	1199.54
87			信阳	27	4.13	1.191	1190.89
88			三门峡	31	4.56	1.315	1314.88
89			南阳	29	4.16	1.2	1199.54
90			周口	29	4.16	1.2	1199.54
91			驻马店	28	4.34	1.251	1251.44
92			济源	28	4.1	1.182	1182.24
93		湖南省	长沙	20	3.18	0.917	916.95
94			张家界	23	3.81	1.099	1098.61
95			常德	20	3.38	0.975	974.62
96			益阳	16	3.16	0.912	911.19
97			岳阳	16	3.22	0.931	928.49
98			株洲	19	3.46	0.998	997.69
99			湘潭	16	3.23	0.933	931.37
100			衡阳	18	3.39	0.978	977.51
101			郴州	18	3.46	0.998	997.69
102			永州	15	3.27	0.944	942.90
103			邵阳	15	3.25	0.937	937.14
104			怀化	15	2.96	0.853	853.52
105			娄底	16	3.19	0.921	919.84
106			湘西	15	2.83	0.817	816.03
107		湖北省	武汉	20	3.17	0.914	914.07
108			十堰	26	3.87	1.116	1115.91

（续）

序号	区域	类别	城市名称	安装角度/(°)	峰值日照时数/(h/天)	每瓦首年发电量/[(kW·h)/W]	年有效利用小时数/h
109	华中地区	湖北省	襄阳	20	3.52	1.016	1014.99
110			荆门	20	3.16	0.913	911.19
111			孝感	20	3.51	1.012	1012.11
112			黄石	25	3.89	1.122	1121.68
113			咸宁	19	3.37	0.972	971.74
114			荆州	23	3.75	1.081	1081.31
115			宜昌	20	3.44	0.992	991.92
116			随州	22	3.59	1.036	1035.18
117			鄂州	21	3.66	1.057	1055.36
118			黄冈	21	3.68	1.063	1061.13
119			恩施	15	2.73	0.788	787.20
120			仙桃	17	3.29	0.949	948.67
121			天门	18	3.15	0.91	908.30
122			神农架	21	3.23	0.934	931.37
123			潜江	27	3.89	1.122	1121.68
124	西南地区	四川省	成都	16	2.76	0.798	795.85
125			广元	19	3.25	0.937	937.14
126			绵阳	17	2.82	0.813	813.15
127			德阳	17	2.79	0.805	804.50
128			南充	14	2.81	0.81	810.26
129			广安	13	2.77	0.8	798.73
130			遂宁	11	2.8	0.808	807.38
131			内江	11	2.59	0.747	746.83
132			乐山	17	2.77	0.799	798.73
133			自贡	13	2.62	0.756	755.48

（续）

序号	区域	类别	城市名称	安装角度/(°)	峰值日照时数/(h/天)	每瓦首年发电量/[(kW·h)/W]	年有效利用小时数/h
134	西南地区	四川省	泸州	11	2.6	0.75	749.71
135			宜宾	12	2.67	0.771	769.89
136			攀枝花	27	5.01	1.445	1444.63
137			巴中	17	2.94	0.849	847.75
138			达州	14	2.82	0.814	813.15
139			资阳	15	2.73	0.789	787.20
140			眉山	16	2.72	0.786	784.31
141			雅安	16	2.92	0.842	841.98
142			甘孜	30	4.17	1.203	1202.42
143			凉山-西昌	25	4.39	1.266	1265.86
144			阿坝	35	5.28	1.523	1522.49
145		云南省	昆明	25	4.4	1.271	1268.74
146			曲靖	25	4.24	1.224	1222.60
147			玉溪	24	4.46	1.288	1286.04
148			丽江	29	5.18	1.494	1493.65
149			普洱	21	4.33	1.25	1248.56
150			临沧	25	4.63	1.335	1335.06
151			德宏	25	4.74	1.367	1366.78
152			怒江	27	4.68	1.35	1349.48
153			迪庆	28	5.01	1.446	1444.63
154			楚雄	25	4.49	1.296	1294.69
155			昭通	22	4.25	1.225	1225.49
156			大理	27	4.91	1.416	1415.80
157			红河	23	4.56	1.314	1314.88
158			保山	29	4.66	1.344	1343.71

(续)

序号	区域	类别	城市名称	安装角度/(°)	峰值日照时数/(h/天)	每瓦首年发电量/[(kW·h)/W]	年有效利用小时数/h
159	西南地区	云南省	文山	22	4.52	1.303	1303.34
160			西双版纳	20	4.47	1.291	1288.92
161		贵州省	贵阳	15	2.95	0.852	850.63
162			六盘水	22	3.84	1.107	1107.26
163			遵义	13	2.79	0.805	804.50
164			安顺	13	3.05	0.879	879.47
165			毕节	21	3.76	1.086	1084.20
166			黔西南	20	3.85	1.111	1110.15
167			铜仁	15	2.9	0.836	836.22
168		西藏自治区	拉萨	28	6.4	1.845	1845.44
169			阿里	32	6.59	1.9	1900.23
170			昌都	32	5.18	1.494	1493.65
171			林芝	30	5.33	1.537	1536.91
172			日喀则	32	6.61	1.906	1905.99
173			山南	32	6.13	1.768	1767.59
174			那曲	35	5.84	1.648	1683.96
175	西北地区	新疆维吾尔自治区	乌鲁木齐	33	4.22	1.217	1216.84
176			昌吉	33	4.22	1.217	1216.84
177			克拉玛依	41	4.87	1.404	1404.26
178			吐鲁番	42	5.55	1.6	1600.34
179			哈密	40	5.33	1.537	1536.91
180			石河子	38	5.12	1.478	1476.35
181			伊犁	40	4.95	1.427	1427.33
182			巴音郭楞	41	5.42	1.563	1562.86
183			和田	35	5.59	1.612	1611.88

（续）

序号	区域	类别	城市名称	安装角度/(°)	峰值日照时数/(h/天)	每瓦首年发电量/[(kW·h)/W]	年有效利用小时数/h
184	西北地区	新疆维吾尔自治区	阿勒泰	44	5.17	1.494	1490.77
185			塔城	41	4.88	1.407	1407.15
186			阿克苏	40	5.35	1.543	1542.67
187			博尔塔拉	40	4.91	1.416	1415.80
188			克孜勒苏	40	4.92	1.419	1418.68
189			喀什	40	4.92	1.419	1418.68
190			图木舒克	37	5	1.442	1441.75
191			阿拉尔	38	4.92	1.419	1418.68
192			五家渠	36	4.65	1.341	1340.83
193		陕西省	西安	26	3.57	1.029	1029.41
194			宝鸡	30	4.28	1.234	1234.14
195			咸阳	26	3.57	1.029	1029.41
196			渭南	31	4.45	1.283	1283.16
197			铜川	33	4.65	1.341	1340.83
198			延安	35	4.99	1.439	1438.87
199			榆林	38	5.4	1.557	1557.09
200			汉中	29	4.06	1.171	1170.70
201			安康	26	3.85	1.11	1110.15
202			商洛	26	3.57	1.029	1029.41
203		甘肃省	兰州	29	4.21	1.214	1213.95
204			酒泉	41	5.54	1.597	1597.46
205			嘉峪关	41	5.54	1.597	1597.46
206			张掖	42	5.59	1.612	1611.88
207			天水	32	4.51	1.3	1300.46
208			白银	38	5.31	1.531	1531.14

（续）

序号	区域	类别	城市名称	安装角度/(°)	峰值日照时数/(h/天)	每瓦首年发电量/[(kW·h)/W]	年有效利用小时数/h
209	西北地区	甘肃省	定西	38	5.2	1.499	1499.42
210			甘南	32	4.51	1.3	1300.46
211			金昌	39	5.6	1.615	1614.76
212			临夏	38	5.2	1.499	1499.42
213			陇南	28	4.51	1.3	1300.46
214			平凉	34	4.76	1.373	1372.55
215			庆阳	34	4.69	1.352	1352.36
216			武威	40	5.17	1.491	1490.77
217		宁夏回族自治区	银川	36	5.06	1.459	1459.05
218			石嘴山	39	5.54	1.597	1597.46
219			固原	34	4.76	1.373	1372.55
220			中卫	37	5.39	1.554	1554.21
221			吴忠	38	5.3	1.528	1528.26
222		青海省	西宁	34	4.7	1.355	1355.25
223			果洛-达日	36	5.19	1.497	1496.54
224			海北-海晏	34	4.7	1.355	1355.25
225			海东-平安	34	4.7	1.355	1355.25
226			海南-共和	38	5.88	1.695	1695.50
227			海西-格尔木	38	5.88	1.695	1695.50
228			海西-德令哈	41	5.65	1.629	1629.18
229			黄南-同仁	39	5.81	1.675	1675.31
230			玉树	34	5.37	1.548	1548.44
231	华南地区	广东省	广州	20	3.16	0.91	911.19
232			清远	19	3.43	0.989	989.04
233			韶关	18	3.67	1.06	1058.24

（续）

序号	区域	类别	城市名称	安装角度/(°)	峰值日照时数/(h/天)	每瓦首年发电量/[(kW·h)/W]	年有效利用小时数/h
234			河源	18	3.66	1.056	1055.36
235			梅州	20	3.92	1.132	1130.33
236			潮州	19	4	1.156	1153.40
237			汕头	19	4.02	1.16	1159.17
238			揭阳	18	3.97	1.147	1144.75
239			汕尾	17	3.81	1.1	1098.61
240			惠州	18	3.74	1.079	1078.43
241	华南地区	广东省	东莞	17	3.52	1.017	1014.99
242			深圳	17	3.78	1.089	1089.96
243			珠海	17	4	1.153	1153.40
244			中山	17	3.88	1.118	1118.80
245			江门	17	3.76	1.084	1084.20
246			佛山	18	3.43	0.99	989.04
247			肇庆	18	3.48	1.003	1003.46
248			云浮	17	3.53	1.018	1017.88
249			阳江	16	3.9	1.127	1124.57
250			茂名	16	3.84	1.108	1107.26
251			湛江	14	3.9	1.125	1124.57
252			南宁	14	3.62	1.044	1043.83
253		广西壮族自治区	桂林	17	3.35	0.967	965.97
254			百色	15	3.79	1.094	1092.85
255			玉林	16	3.74	1.079	1078.43
256			钦州	14	3.67	1.059	1058.24
257			北海	14	3.76	1.085	1084.20
258			梧州	16	3.63	1.046	1046.71

（续）

序号	区域	类别	城市名称	安装角度/(°)	峰值日照时数/(h/天)	每瓦首年发电量/[(kW·h)/W]	年有效利用小时数/h
259		广西壮族自治区	柳州	16	3.46	0.998	997.69
260			河池	14	3.46	0.998	997.69
261			防城港	14	3.67	1.059	1058.24
262			贺州	17	3.54	1.02	1020.76
263			来宾	14	3.55	1.024	1023.64
264			崇左	14	3.74	1.078	1078.43
265			贵港	15	3.61	1.042	1040.94
266	华南地区	海南省	海口	10	4.33	1.25	1248.56
267			三亚	15	4.75	1.371	1369.66
268			琼海	12	4.71	1.358	1358.13
269			白沙	15	4.76	1.374	1372.55
270			保亭	15	4.74	1.368	1366.78
271			昌江	13	4.55	1.314	1311.99
272			澄迈	13	4.55	1.313	1311.99
273			儋州	13	4.48	1.294	1291.81
274			定安	10	4.32	1.246	1245.67
275			东方	14	4.84	1.396	1395.61
276			乐东	16	4.77	1.376	1375.43
277			临高	12	4.51	1.302	1300.46
278			陵水	15	4.74	1.366	1366.78
279			琼中	13	4.72	1.362	1361.01
280			屯昌	13	4.68	1.351	1349.48
281			万宁	13	4.67	1.346	1346.59
282			文昌	10	4.28	1.233	1234.14
283			五指山	15	4.8	1.387	1384.08

（续）

序号	区域	类别	城市名称	安装角度/(°)	峰值日照时数/(h/天)	每瓦首年发电量/[(kW·h)/W]	年有效利用小时数/h
284			南京	23	3.71	1.07	1069.78
285			徐州	25	3.95	1.139	1138.98
286			连云港	26	4.13	1.19	1190.89
287			盐城	25	3.98	1.147	1147.63
288		江苏省	泰州	23	3.8	1.097	1095.73
289			镇江	23	3.68	1.062	1061.13
290			南通	23	3.92	1.13	1130.33
291	华东地区		常州	23	3.73	1.076	1075.55
292			无锡	23	3.71	1.07	1069.78
293			苏州	22	3.68	1.062	1061.13
294			淮安	25	3.98	1.148	1147.63
295			宿迁	25	3.96	1.141	1141.87
296			扬州	22	3.69	1.065	1064.01
297			杭州	20	3.42	0.988	986.16
298			绍兴	20	3.56	1.028	1026.53
299			宁波	20	3.67	1.057	1058.24
300			湖州	20	3.7	1.067	1066.90
301		浙江省	嘉兴	20	3.66	1.057	1055.36
302			金华	20	3.63	1.047	1046.71
303			丽水	20	3.77	1.089	1087.08
304			温州	18	3.77	1.088	1087.08
305			台州	23	3.8	1.098	1095.73
306			舟山	20	3.76	1.085	1084.20
307			衢州	20	3.69	1.064	1064.01

（续）

序号	区域	类别	城市名称	安装角度/(°)	峰值日照时数/(h/天)	每瓦首年发电量/[(kW·h)/W]	年有效利用小时数/h
308			福州	17	3.54	1.021	1020.76
309			莆田	16	3.59	1.035	1035.18
310			南平	18	4.17	1.204	1202.42
311		福建省	厦门	17	3.89	1.121	1121.68
312			泉州	17	3.92	1.131	1130.33
313			漳州	18	3.87	1.116	1115.91
314			三明	18	3.92	1.132	1130.33
315			龙岩	20	3.92	1.13	1130.33
316	华东地区		宁德	18	3.62	1.045	1043.83
317			济南	32	4.27	1.231	1231.25
318			青岛	30	3.38	0.975	974.62
319			淄博	35	4.9	1.413	1412.92
320			东营	36	4.98	1.436	1435.98
321			潍坊	35	4.9	1.413	1412.92
322		山东省	烟台	35	4.94	1.424	1424.45
323			枣庄	32	4.11	1.349	1185.12
324			威海	33	4.94	1.424	1424.45
325			济宁	32	4.72	1.361	1361.01
326			泰安	36	4.93	1.422	1421.57
327			日照	33	4.7	1.355	1355.25
328			莱芜	34	4.88	1.407	1407.15
329			临沂	33	4.77	1.375	1375.43
330			德州	35	5	1.442	1441.75
331			聊城	36	4.93	1.422	1421.57
332			滨州	37	5.03	1.45	1450.40
333			菏泽	32	4.72	1.361	1361.01

（续）

序号	区域	类别	城市名称	安装角度/(°)	峰值日照时数/(h/天)	每瓦首年发电量/[(kW·h)/W]	年有效利用小时数/h
334	华东地区	江西省	南昌	16	3.59	1.036	1035.18
335			九江	20	3.56	1.026	1026.53
336			景德镇	20	3.63	1.047	1046.71
337			上饶	20	3.76	1.084	1084.20
338			鹰潭	17	3.68	1.062	1061.13
339			宜春	15	3.37	0.973	971.74
340			萍乡	15	3.33	0.962	960.21
341			赣州	16	3.67	1.059	1058.24
342			吉安	16	3.59	1.037	1035.18
343			抚州	16	3.64	1.049	1049.59
344			新余	15	3.55	1.025	1023.64
345		安徽省	合肥	27	3.69	1.064	1064.01
346			芜湖	26	4.03	1.162	1162.05
347			黄山	25	3.84	1.107	1107.26
348			安庆	25	3.91	1.127	1127.45
349			蚌埠	25	3.92	1.13	1130.33
350			亳州	23	3.86	1.115	1113.03
351			池州	22	3.64	1.048	1049.59
352			滁州	23	3.66	1.056	1055.36
353			阜阳	28	4.21	1.214	1213.95
354			淮北	30	4.49	1.295	1294.69
355			六安	23	3.69	1.065	1064.01
356			马鞍山	22	3.68	1.061	1061.13
357			宿州	30	4.47	1.289	1288.92
358			铜陵	22	3.65	1.054	1052.48
359			宣城	23	3.65	1.052	1052.48
360			淮南	28	4.24	1.223	1223.42

参 考 文 献

[1] 杨贵恒. 强生泽，张颖超，等. 太阳能光伏发电系统及其应用［M］. 北京：化学工业出版社，2011.

[2] 蒋华庆. 贺广零，等. 光伏电站设计技术［M］. 北京：中国电力出版社，2014.

[3] 郭家宝，汪毅. 光伏发电站设计关键技术［M］. 北京：中国电力出版社，2014.

[4] 李小永，马金鹏，等. 大型荒漠光伏电站并网调试分析［J］. 光伏信息，2013（4）：42-45

[5] 中华人民共和国住房和城乡建设部，中华人民共和国国家质量监督检验检疫总局. GB/T 50796—2012 光伏发电工程验收规范［S］. 北京：中国计划出版社，2012.

[6] 中华人民共和国住房和城乡建设部，中华人民共和国国家质量监督检验检疫总局. GB/T 50794—2012 光伏发电站施工规范［S］. 北京：中国计划出版社，2012.

[7] 李钟实. 分布式光伏电站设计施工与应用［M］. 北京：机械工业出版社，2017.

[8] 王东，张增辉，等. 分布式光伏电站设计、建设与运维［M］. 北京：化学工业出版社，2018.

[9] 李钟实. 太阳能光伏发电系统设计施工与应用［M］. 2 版. 北京：人民邮电出版社，2019.

[10] 李钟实. 太阳能分布式光伏发电系统设计施工与运维手册［M］. 2 版. 北京：机械工业出版社，2020.

[11] 黄悦华，马辉. 光伏发电技术［M］. 北京：机械工业出版社，2020.

[12] 周宏强，王素梅，高吉荣. 光伏电站的运行维护［M］. 北京：机械工业出版社，2020.